3D 打印技术系列丛书

丛书主编　沈其文　王晓斌

选择性激光熔化 3D 打印技术

主编　陈国清
参编　吴晓坚　周凉凉　曾建平　朱晓萌
　　　钱　波　吕祺盛　周雪寒　钟　洁
　　　张　升　杨海源

西安电子科技大学出版社

内容简介

本书内容主要包括 3D 打印技术概述，SLM 3D 打印技术概述，SLM 3D 打印材料与研究概述，SLM 3D 打印机制造系统实例，MS-250、MV-250 金属 3D 打印机制造系统的软件界面，SLM 3D 打印机制造系统 3D 打印制件实例，打印机常见故障处理及保养维护，SLM 技术最新发展及其他金属 3D 打印技术等。本书以工艺实现为主线，兼顾原理和实践；以材料、系统、软件为基础，兼顾功能和流程；侧重实际应用，着重于工艺基础和技术细节。在工艺原理、材料及工艺方面以图表等形式呈现，在流程与操作方面以实际系统为例，既让读者充分掌握选择性激光熔化 3D 打印技术原理，又让其身临其境地熟悉实际操作与技术要求。

本书适合作为大中专和职业院校专业教材使用，亦可作为相关从业人员的参考书籍。

图书在版编目(CIP)数据

选择性激光熔化 3D 打印技术/陈国清主编. —西安：西安电子科技大学出版社，2016.9
3D 打印技术系列丛书
ISBN 978-7-5606-4266-6

Ⅰ. ① 选⋯ Ⅱ. ① 陈⋯ Ⅲ. ① 立体印刷—印刷术 Ⅳ. ① TS853

中国版本图书馆 CIP 数据核字(2016)第 217915 号

策　　划　陈　婷
责任编辑　陈　婷　刘志玲
出版发行　西安电子科技大学出版社(西安市太白南路 2 号)
电　　话　(029)88242885　88201467　　邮　　编　710071
网　　址　www.xduph.com　　　　电子邮箱　xdupfxb001@163.com
经　　销　新华书店
印刷单位　陕西百花印刷有限责任公司分公司
版　　次　2016 年 9 月第 1 版　2016 年 9 月第 1 次印刷
开　　本　787 毫米×960 毫米　1/16　印　张　9.25
字　　数　158 千字
印　　数　1～2000 册
定　　价　35.00 元
ISBN 978-7-5606-4266-6/TS

XDUP 4558001-1

序

3D 打印技术又称为快速成形技术或增材制造技术，该技术在 20 世纪 70 年代末到 80 年代初期起源于美国，是近 30 年来世界制造技术领域的一次重大突破。3D 打印技术是光学、机械、电气、计算机、数控、激光以及材料科学等技术的集成，它能将数学几何模型的设计迅速、自动地物化为具有一定结构和功能的原型或零件。3D 打印技术改变了传统制造的理念和模式，是制造业最具有代表性的颠覆技术。3D 打印技术解决了国防、航空航天、交通运输、生物医学等重点领域高端复杂精细结构关键零部件的制造难题，并提供了应用支撑平台，有极为重要的应用价值，对推进第三次工业革命具有举足轻重的作用。随着 3D 打印技术的快速发展，其应用将越来越普及。

在新的世纪，随着信息、计算机、材料等技术的发展，制造业的发展将越来越依赖于先进制造技术，特别是 3D 打印制造技术。2015 年国务院发布的《中国制造 2025》中，3D 打印技术及其装备被正式列入十大重点发展领域。可见，3D 打印技术已经被提升到国家重要战略基础产业的高度。3D 打印先进制造技术的发展需要大批创新型的人才，这对工科院校、特别是职业技术院校及职业技校学生的培养提出了新的要求。

我国 3D 打印技术正在快速成长，其应用范围不断扩大，但 3D 打印技术的推广与应用尚在起步阶段，3D 打印技术人才极度匮乏，因此，出版一套高水平的 3D 打印技术系列丛书，不仅可以让最新的学术科研成果以著作的方式指导从事 3D 打印技术研发的工程技术人员，以进一步提高我国"智能制造"行业技术研究的整体水平，同时对人才培养、技术提升及 3D 打印产业的发展也具有重大意义。

本丛书主要介绍 3D 打印技术原理、主流机型系列的工艺成形原理、打印材料的选用、实际操作流程以及三维建模和图形操作软件的使用。本丛书共五册，分别为：《液态树脂光固化 3D 打印技术》（莫健华主编）、《选择性激光烧结 3D 打印技术》（沈其文主编）、《黏结剂喷射与熔丝制造 3D 打印技术》（王运赣、王宣主编）、《选择性激光熔化 3D 打印技术》（陈国清主编）、《三维测量技术及应用》(李中伟主编)。

本丛书由广东奥基德信机电有限公司与西安电子科技大学出版社共同策划,由华中科技大学自 20 世纪 90 年代末就从事 3D 打印技术研发并具有丰富实践经验的教授,结合国内外典型的 3D 打印机及广东奥基德信机电有限公司的工业级 SLS、SLM、3DP、SLA、FFF(FDM)3D 打印机和三维扫描仪等代表性产品的特性以及其他各院校、企业产品的特性进行编写,其中沈其文教授对每本书的编写思路、目录和内容均进行了仔细审阅,并从整体上确定全套丛书的风格。

由于编写时间仓促,且要兼顾不同层次读者的需求,本书涉及的内容非常广泛,丛书中的不当之处在所难免,敬请读者批评指正。

编　者

2016 年 6 月于广东佛山

前　言

　　世界范围内各种类型的 3D 打印机如雨后春笋般蓬勃发展。目前工业领域常用的 3D 打印技术有下列几种：光固化(SLA)3D 打印技术、选择性激光烧结(SLS)3D 打印技术、黏结剂喷射 3D 打印技术、熔丝制造(FFF，FDM)3D 打印技术、选择性激光熔化(SLM)3D 打印技术等。在这几种基本 3D 打印技术中，选择性激光熔化 3D 打印技术是近年来发展极为迅速的一种，它广泛应用于国防、航空航天、机械工业、医疗、电子电器、电力等各个领域。选择性激光熔化 3D 打印技术特别适合打印多个零件进行组合的整体金属零件，如航空航天大飞机上的结构部件，可以减少零件加工、装配的时间并提高装配精度，同时可以消除隐患，提高安全性。在模具制造行业中，选择性激光熔化 3D 打印技术能打印出具有与模具型腔随形冷却水道的模具，降低模具的冷却时间，大大提高模具的生产效率。选择性激光熔化 3D 打印技术能迅速开发出多种新的 3D 打印产品，并在短时间内就可投入市场，获得丰厚的经济效益。

　　本书根据作者多年来亲身从事 3D 打印成形技术方面的研究与实践经验撰写而成，同时也收集和概括了华中科技大学快速制造中心的老师、研究生和工程技术人员在选择性激光熔化 3D 打印成形技术方面的理论研究与实践开发成果，并汇集了国内外许多学者、公司的研究人员发表的文献资料，广东奥基德信机电技术有限公司的相关工程技术人员也参与了本书的编写。在此，编者对所有提供帮助的个人及单位表示深深的感谢。

　　鉴于作者水平有限，书中如有不当之处，敬请读者批评指正。希望本书的出版能对我国 3D 打印技术的研究和应用起到推动作用。

陈国清

2016 年 2 月于广州

目　　录

第1章 3D打印技术概述

3D打印技术改变了传统制造的理念和模式，是制造业有代表性的颠覆技术，也是近30年来世界制造技术领域的一次重大突破。3D打印技术解决了国防、航空航天、机械制造、交通运输、生物医学等重点领域关键零部件的制造难题，并提供了应用支撑平台，有极为重要的应用价值，对推进第三次工业革命具有举足轻重的作用。随着3D打印技术的快速发展，其应用将越来越普及。

1.1 3D打印技术简介

1.1.1 3D打印技术的概念

机械制造技术大致分为如下三种方式：

（1）减材制造：一般是用刀具进行切削加工或采用电化学方法去除毛坯中不需要的材料，剩下的部分即是所需加工的零件或产品。

（2）等材制造：利用模具成形，将液体或固体材料变为所需结构的零件或产品。铸造、锻压等均属于此种方式。

减材制造与等材制造均属于传统的制造方法。

（3）增材制造：也称3D打印，是近20年发展起来的先进制造技术，它无需刀具及模具，是用材料逐层累积叠加制造所需实体的方法。

3D打印（Three Dimensional Printing，3DP）技术在学术上又称为"添加制造"（Additive Manufacturing，AM）技术，也称为增材制造或增量制造。根据美国材料与试验协会（ASTM）2009年成立的3D打印技术委员会（F42委员会）公布的定义，3D打印技术是一种与传统材料加工方法截然相反的，基于三维CAD模型数据并通过增加材料逐层制造的方式，是一种直接制造与数学模型完全一致的三维物理实体模型的制造方法。3D打印技术内容涵盖了与产品生命周期前端的"快速原型"（Rapid Prototyping，RP）和全生产周期的"快速制造"(Rapid Manufacturing, RM) 相关的所有工艺、技术、设备类别及应用。

3D打印技术在20世纪80年代后期起源于美国,是最近20多年来世界制造技术领域的一次重大突破。它能将已具数学几何模型的设计迅速、自动地物化为具有一定结构和功能的原型或零件。

分层制造技术(Layered Manufacturing Technique, LMT)、实体自由制造(Solid Freeform Fabrication, SEF)、直接CAD制造(Direct CAD Manufacturing, DCM)、桌面制造(Desktop Manufacturing, DTM)、即时制造(Instant Manufacturing, IM)与3D打印技术具有相似的内涵。3D打印技术获得零件的途径不同于传统的材料去除或材料变形方法,而是在计算机控制下,基于离散/堆积原理采用不同方法堆积材料最终完成零件的成形与制造。从成形角度看,零件可视为由点、线或面叠加而成。3D打印就是从CAD模型中离散得到点、面的几何信息,再与成形工艺参数信息结合,控制材料有规律、精确地由点到面、由面到体地堆积出所需零件。从制造角度看,3D打印根据CAD造型生成零件的三维几何信息,转化为相应的指令后传输给数控系统,通过激光束或其他方法使材料逐层堆积而形成原型或零件,无需经过模具设计制作环节,极大地提高了生产效率,大大降低了生产成本,特别是极大地缩短了生产周期,被誉为制造业中的一次革命。

3D打印技术集中体现了CAD、建模、测量、接口软件、CAM、精密机械、CNC数控、激光、新材料和精密伺服驱动等先进技术的精粹,采用了全新的叠加成形法,与传统的去除成形法有本质的区别。3D打印技术是多种学科集成发展的产物。

3D打印不需要刀具和模具,利用三维CAD模型在一台设备上可快速而精确地制造出结构复杂的零件,从而实现"自由制造",解决传统制造工艺难以加工或无法加工的局限性,并大大缩短了加工周期,而且越是结构复杂的产品,其制造局限性的改善越明显。近20年来,3D打印技术取得了快速发展。3D打印制造原理结合不同的材料和实现工艺,形成了多种类型的3D打印制造技术及设备,目前全世界3D打印设备已多达几十种。3D打印制造技术在消费电子产品、汽车、航空航天、医疗、军工、地理信息、建筑及艺术设计等领域已被大量应用。

1.1.2　3D打印技术的发展史

3D打印技术的发展起源可追溯至20世纪70年代末到80年代初期,美国3M公司的Alan Hebert(1978年)、日本的小玉秀男(1980年)、美国UVP公司的Charles Hull(1982年)和日本的丸谷洋二(1983年)四人各自独立提出了3D打印的概念。1986年，Charles Hull率先提出了光固化成形（Stereo Lithography Apparatus，SLA），这是3D打印技术发展的一个里程碑。同年，他创立了世界上第一家3D打印设备的3D Systems公司。该公司于1988年生产出了世界上第一台3D打印机SLA-250。1988年，美国人Scott Crump发明了另外一种3D打印技术——熔融沉积成形（Fused Deposition Modeling，FDM），并成立了Stratasys公司。现在根据美国材料与试验协会（ASTM）2009年成立的3D打印技术委员会（F42委员会）公布的定义，该种成形工艺已重新命名为熔丝制造成形（Fused Filament Fabrication，FFF）。1989年，C. R. Dechard发明了选择性激光烧结成形（Selective Laser Sintering，SLS）。1993年麻省理工大学教授EmanualSachs发明了一种全新的3D打印技术（Three Dimensional Printing，3DP）。这种技术类似于喷墨打印机，通过向金属、陶瓷等粉末喷射黏结剂的方式将材料逐片成形，然后进行烧结制成最终产品。这种技术的优点在于制作速度快，价格低廉。随后，Z Corporation获得了麻省理工大学的许可，利用该技术来生产3D打印机，"3D打印机"的称谓由此而来。此后，以色列人Hanan Gothait于1998年创办了Objet Geometries公司，并于2000年在北美推出了可用于办公室环境的商品化3D打印机。

近年来，3D打印有了快速的发展。2005年，Z Corporation发布Spectrum Z510，这是世界上第一台高精度彩色添加制造机。同年，英国巴恩大学的Adrian Bowyer发起开源3D打印机项目RepRap，该项目的目标是做出"自我复制机"，通过添加制造机本身，能够制造出另一台添加制造机。2008年，第一版RepRap发布，代号为"Darwin"，它的体积仅一个箱子大小，能够打印自身元件的50%。2008年，美国旧金山一家公司通过添加制造技术首次为客户定制出了假肢的全部部件。2009年，美国Organovo公司首次使用添加制造技术制造出人造血管。2011年，英国南安普敦大学工程师打印出了世界首架无人驾驶飞机，造价5000英镑。2011年，Kor Ecologic公司推出世界上第一辆从表面到零部件都由3D打印机打印制造的车"Urbee"，Urbee在城市时速可达100英里（注：1英里≈1.609千米），而在高速公路上则可飙升到200英里，汽油和甲醇都可以作为它的燃料。2011年，I. Materialis公司提供以14K金和纯银为原材料的3D打印服务。随后还有新加坡的KINERGY公司、日本的KIRA公司、英国Renishaw等许多公司加入到了3D打印行业。

国内进行3D打印制造技术的研究比国外晚，始于20世纪90年代初，清华大学、华中科技大学、北京隆源自动成形有限公司及西安交通大学先后于1991—1993年间开始研发制造FDM、LOM、SLS及SLA等国产3D打印系统，随后西北工业大学、北京航空航天大学、中北大学、北方恒立科技有限公司、湖南华署公司、上海联泰公司等单位迅速加入3D打印的研发行列之中，这些单位和企业在3D打印原理研究、成形设备开发、材料和工艺参数优化研究等方面做了大量卓有成效的工作，有些单位开发的3D打印设备已接近或达到商品化机器的水平。

随着工艺、材料和装备的日益成熟，3D打印技术的应用范围不断扩大，从制造设备向制造生活产品发展。新兴3D打印技术可以直接制造各种功能零件和生活物品，可以制造电子产品绝缘外壳、金属结构件、高强度塑料零件、劳动工具、橡胶制件、汽车及航空高温用陶瓷部件及各类金属模具等，还可以制造食品、服装、首饰等日用产品。其中，高性能金属零件的直接制造是3D打印技术发展的重要标志之一，2002年德国成功研制了选择性激光熔化3D打印设备(Selective Laser Melting, SLM)，可成形接近全致密的精密金属制件和模具，其性能可达到同质锻件水平，同时电子束熔化(Electron Beam Melting, EBM)、激光近净成形等技术与装备涌现了出来。这些技术面向航空航天、武器装备、汽车/模具及生物医疗等高端制造领域，可直接成形复杂和高性能的金属零部件，解决一些传统制造工艺难以加工甚至无法加工的零部件制造难题。

美国《时代》周刊曾将3D打印制造列为"美国十大增长最快的工业"。如同蒸汽机、福特汽车流水线引发的工业革命，3D打印是"一项将要改变世界的技术"，已引起全球的关注。英国《经济学人》杂志指出，它将"与其他数字化生产模式一起，推动并实现第三次工业革命"，认为"该技术将改变未来生产与生活模式，实现社会化制造"。每个人都可以用3D打印设备开办工厂，这将改变制造商品的方式，并改变世界经济的格局，进而改变人类的生活方式。美国总统奥巴马在2012年提出了发展美国、振兴制造业计划，启动的首个项目就是"3D打印制造"。该项目由国防部牵头，众多制造企业、大专院校以及非营利组织参加，其任务是研发新的3D打印制造技术与产品，使美国成为全球最优秀的3D打印制造中心，使3D打印制造技术成为"基础研发与产品研发"之间的纽带。美国政府已经将3D打印制造技术作为国家制造业发展的首要战略任务予以支持。

3D打印象征着个性化制造模式的出现，在这种模式下，人类将以新的方式合作来进行生产制造，制造过程与管理模式将发生深刻变革，现有制造业格局必将被打破。当前，我国制造业已经将大批量、低成本制造的潜力发挥到极致，未来制造业的竞争焦点将会由创新所主导，3D打印技术就是满足创新开发的有力工具，3D打印技术的应用普及程度将会在一定程度上表征一个国家的创新能力。

1.1.3 3D打印技术的特点和优势

1. 制造更快速、更高效

3D打印制造技术是制作精密复杂原型和零件的有效手段。利用3D打印制造技术由产品CAD数据或从实体反求获得的数据到制成3D原型，一般只需几小时到几十个小时，速度比传统成形加工方法快得多。3D打印制造工艺流程短，全自动，可实现现场制造，因此，制造更快速、更高效。随着互联网的发展，3D打印制造技术还可以用于提供远程制造服务，使资源得到充分利用，用户的需求得到最快的响应。

2. 技术高度集成

3D打印制造技术是CAD、数据采集与处理、材料工程、精密机电加工与CNC数字控制技术的综合体现。设计制作一体化(即CAD/CAM一体化)是3D打印技术的另一个显著特点。在传统的CAD/CAM技术中，由于成形技术的局限，致使设计制造一体化很难实现。而3D打印技术采用的是离散/堆积分层制作工艺，可以实现复杂的成形，因而能够很好地将CAD/CAM结合起来，实现设计与制造的一体化。

3. 堆积制造，自由成形

自由成形的含义有两方面：其一是指可根据3D原型或零件的形状，无需使用工具与模具而自由地成形；其二是指以"从下而上"的堆积方式实现非匀质材料、功能梯度材料的器件更有优势，不受形状复杂程度限制，能够制造任意复杂形状与结构、不同材料复合的3D原型或零件。

4. 制造过程高度柔性化

降维制造(分层制造)把三维结构的物体先分解成二维层状结构，逐层累加形成三维物品。因此，原理上3D打印技术将任何复杂的结构形状转换成简单的二维平面图形，而且制造过程更柔性化。3D打印取消了专用工具，可在计算机管理和控制下制造出任意复杂形状的零件，制造过程中可重新编程、重新组合、连续改变生产装备，并通过信息集成到一个制造系统中。设计者不受零件结构工艺性的约束，可以随心所欲设计出任何复杂形状的零件。可以说，"只有想不到，没有做不到"。

5. 直接制造组合件和可选材料的广泛性

任何高性能难成形的拼合零部件均可通过3D打印方式一次性直接制造出

来，不需要工模具通过组装拼接等复杂过程来实现。3D打印制造技术可采用的材料十分广泛，可采用树脂、塑料、纸、石蜡、复合材料、金属材料或者陶瓷材料的粉末、箔、丝、小块体等，也可是涂覆某种黏结剂的颗粒、板、薄膜等材料。

6. 广泛的应用领域

除了制造3D原型以外，3D打印技术还特别适用于新产品的开发、快速单件及小批量零件的制造、不规则零件或复杂形状零件的制造、模具及模型设计与制造、外形设计检查、装配检验、快速反求与复制，以及难加工材料的制造等。这项技术不仅在制造业的产品造型与模具设计领域，而且在材料科学与工程、工业设计、医学科学、文化艺术、建筑工程、国防及航空航天等领域都有着广阔的应用前景。

综上所述3D打印技术具有的优势如下：

(1) 从设计和工程的角度出发，可以设计更加复杂的零件。

(2) 从制造角度出发，减少设计、加工、检查的工序，可大大缩短新品进入市场的时间。

(3) 从市场和用户角度出发，减少风险，可实时地根据市场需求低成本地改变产品。

1.2　3D打印技术的工作原理

3D打印(Three Dimensional Printing, 3DP)技术是一种依据三维CAD设计数据，将所采用的离散材料(液体、粉末、丝材、片材、板或块料等)自下而上逐层叠加制造所需实体的技术。自20世纪80年代以来，3D打印制造技术逐步发展，期间也被称为材料增材制造(Material Increase Manufacturing)、快速原型(Rapid Prototyping)、分层制造(Layered Manufacturing)、实体自由制造(Solid Freeform Fabrication)、3D喷印(3D Printing)等。这些名称各异，但其成形原理均相同。

3D打印技术不需要刀具和模具，利用三维CAD数据在一台设备上可快速而精确地制造出复杂的结构零件，从而实现"自由制造"，解决传统工艺难加工或无法加工的局限，并大大缩短了加工周期，而且越是复杂结构的产品，其制造速度的提升越显著。3D打印技术集中了CAD、CAM、CNC、激光、新材料和精密伺服驱动等先进技术的精粹，采用了全新的叠加堆积成形法，与传统的去除成形法有本质的区别。

3D 打印技术的基本原理是将所需成形工件的复杂三维形体用计算机软件辅助设计技术(CAD)完成一系列数字切片处理,将三维实体模型分层切片,转化为各层截面简单的二维图形轮廓,类似于高等数学中的微分过程;然后将切片得到的二维轮廓信息传送到 3D 打印机中,由计算机根据这些二维轮廓信息控制激光器(或喷嘴)选择性地切割片状材料(或固化液态光敏树脂,或烧结热熔材料,或喷射热熔材料),从而形成一系列具有一个微小厚度的片状实体,再采用黏结、聚合、熔结、焊接或化学反应等手段使其逐层堆积叠加成为一体,制造出所设计的三维模型或样件,这个过程类似于高等数学中的定积分模式。因此,3D 打印的原理是三维➡二维➡三维的转换过程。3D 打印技术堆积叠层的基本原理过程如图 1-1 所示。

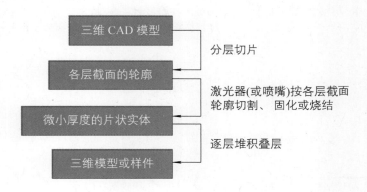

图 1-1 3D 打印技术堆积叠层的基本原理过程图

图 1-2 所示为花瓶的 3D 打印实例过程步骤。首先用计算机软件建立花瓶的 3D 数字化模型图(见图 1-2(a));然后用切片软件将该立体模型分层切片,得到各层的二维片层轮廓(见图 1-2(b));之后在 3D 打印机工作台平面上逐层选择性地添加成形材料,并用激光成形头将激光束(或用 3D 打印机的打印头喷嘴喷射黏结剂、固化剂等)对花瓶的片层截面进行扫描,使被扫描的片层轮廓加热或固化,制成一片片的固体截面层(见图 1-2(c));随后工作台沿高度方向移动一个片层厚度;接着在已固化薄片层上面再铺设第二层成形材料,并对第二层材料进行扫描固化;与此同时,第二层材料还会自动与前一层材料黏结并固化在一起。如此继续重复上述操作,通过连续顺序打印并逐层黏合一层层的薄片材料,直到最后扫描固化完成花瓶的最高一层,就可打印出三维立体的花瓶制件(见图 1-2(d))。

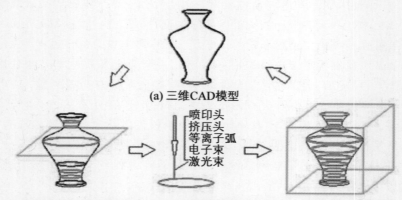

(a) 三维CAD模型

(b) 用切片软件切出模型 二维片层轮廓   (c) 打印成形并固化制件的 二维片层轮廓   (d) 层层叠加二维轮廓, 最终获得三维制件

图 1-2   3D打印三维→二维→三维的转换实例

1.3   3D打印技术的全过程

    3D打印技术的全过程可以归纳为前处理、打印成形、后处理三个步骤(见图1-3)。

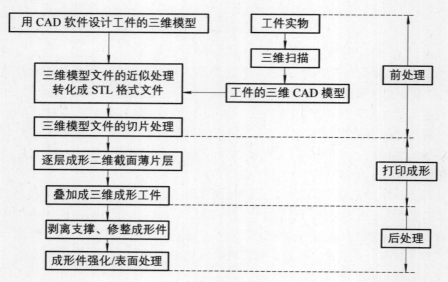

图 1-3   3D打印技术的全过程

1. 前处理

前处理包括工件三维 CAD 模型文件的建立、三维模型文件的近似处理与切片处理、模型文件 STL 格式的转化。

2. 打印成形

打印成形是 3D 打印技术的核心，包括逐层成形制件的二维截面薄片层以及将二维薄片层叠加成三维成形制件。

3. 后处理

后处理是对成形后的 3D 制件进行的修整，包括从成形制件上剥离支撑结构、成形制件的强化(如后固化、后烧结)和表面处理(如打磨、抛光、修补和表面强化)等。

1.3.1 工件三维 CAD 模型文件的建立

所有 3D 打印机(或称快速成形机)都是在制件的三维 CAD 模型的基础上进行 3D 打印成形的。建立三维 CAD 模型有以下两种方法。

1. 用三维 CAD 软件设计三维模型

用于构造模型的 CAD 软件应有较强的三维造形功能，即要求其具有较强的实体造形和表面造形功能，后者对构造复杂的自由曲面有重要作用。三维造形软件种类很多，包括 UG、Pro/Engineer、Solid Works、3DMAX、MAYA 等，其中 3DMAX、MAYA 在艺术品和文物复制等领域应用较多。

三维 CAD 软件产生的输出格式有多种，其中常见的有 IGES、STEP、DXF、HPGL 和 STL 等，STL 格式是 3D 打印机最常用的格式。

2. 通过逆向工程建立三维模型

用三维扫描仪对已有工件实物进行扫描，可得到一系列离散点云数据，再通过数据重构软件处理这些点云，就能得到被扫描工件的三维模型，这个过程常称为逆向工程或反求工程(Reverse Engineering)。常用的逆向工程软件有多种，如 Geomagics Studio、Image Ware 和 MIMICS 等。

在逆向工程中，由实物到 CAD 模型的数字化包括以下三个步骤(见图 1-4)：

(1) 对三维实物进行数据采集，生成点云数据。

(2) 对点云数据进行处理(对数据进行滤波以去除噪声或拼合等)。

(3) 采用曲面重构技术，对点云数据进行曲面拟合，借助三维 CAD 软件生成三维 CAD 模型。

图 1-4　由实物到 CAD 模型的步骤

1.3.2　三维扫描仪

　　工业中常用的三维扫描仪有接触式和非接触式(激光扫描仪或面结构光扫描仪)。常用的三维扫描仪如图 1-5 所示,其中,接触式单点测量仪(见图 1-5(a))的测量精度高,但价格贵,测量速度慢,而且不适合现场工况,仅适合高精度规则几何体机械加工零件的室内检测;非接触式扫描仪(见图 1-5 (b)、(c))采用光电方法可对复杂曲面的三维形貌进行快速测量,其精度能满足逆向工程的需要,而且对物体表面不会造成损伤,最适合文物和仿古现场的复制需要。非接触式扫描仪中面结构光面扫描仪的速度比激光线扫描仪快,应用更广泛。

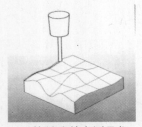　　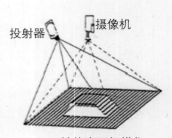

(a) 接触式单点测量仪　　　　(b) 激光线扫描仪　　　　(c) 面结构光面扫描仪

图 1-5　常用三维扫描仪举例

　　面结构光面扫描仪的原理如图 1-5 所示,使用手持式三维测量仪(见图 1-5(a))对被测物体测量时,使用数字光栅投影装置向被测物体投射一系列编码光栅条纹图像并由单个或多个高分辨率的 CCD 数码相机同步采集经物体表面调制而变形的光栅干涉条纹图像(见图 1-5(b)、(c)),然后用计算机软件对采集得到的光栅图像进行相位计算和三维重构等处理,可在极短时间内获得复杂工件表面完整的三维点云数据。

　　面结构光面扫描仪测量速度快,测量精度高(单幅测量精度可达 0.03 毫米),便携性好,设备结构简单,适合于复杂形状物体的现场测量。这种测量仪可广泛应用于常规尺寸(10 mm～5 m)下的工业检测、逆向设计、物体测量和文物复制(见图 1-6)等领域。特别是便携式 3D 扫描仪(见图 1-7)可以快速地对任意尺寸的物体进行扫描,不需要反复移动被测扫描物体,也不需要在物体上做任何标记。这些优势使 3D 扫描仪在文物保护中成为不可缺少的工具。

图 1-6 文物扫描复制图例

图 1-7 便携式 3D 扫描仪

1.3.3 三维模型文件的近似处理与切片处理

建立三维 CAD 模型文件之后，还需要对模型进行近似处理或修复近似处理可能产生的缺陷，再对模型进行切片处理，才能获得 3D 打印机所能接受的模型文件。

1. 三维模型文件的近似处理

由于工件的三维模型上往往有一些不规则的自由曲面，所以成形前必须对其进行近似处理。目前在 3D 打印中最常见的近似处理方法是将工件的三维CAD 模型转换成 STL 模型，即用一系列小三角形平面来逼近工件的自由曲面。选择不同大小和数量的三角形就能得到不同曲面的近似精度。经过上述近似处理的三维模型称为 STL 模式，它由一系列相连的空间三角形面片组成（见图 1-8）。STL 模型对应的文件称为 STL 格式文件。典型的 CAD 软件都有转换和输出 STL 格式文件的接口。

2. 三维模型文件的切片处理

3D 打印是按每一层截面轮廓来制作工件的，因此，成形前必须在三维模型

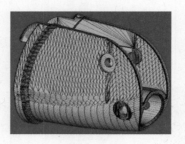

图 1-8　STL 格式模型

上用切片软件沿成形的高度方向，每隔一定的间隔(即切片层高)进行切片处理，以便提取截面的轮廓。层高间隔的大小根据被成形件的精度和生产率的要求选定。层高间隔愈小，精度愈高，但成形时间愈长。层高间隔的范围一般为0.05～0.5 mm，常用 0.1～0.2 mm，在此取值下，能得到相当光滑的成形曲面。切片层高间隔选定之后，成形时每一层叠加材料的厚度应与之相适应。显然，切片层的间隔不得小于每一层叠加材料的最小厚度。

1.4　3D 打印机的主流机型

　　3D 打印机是叠加堆积成形制造的核心设备，具有截面轮廓成形和截面轮廓堆积叠加两个功能。根据其扫描头成形原理和成形材料的不同，目前这种设备的种类多达数十种。根据采用材料及对材料处理方式的不同，3D 打印机可分为以下几类，见图 1-9。

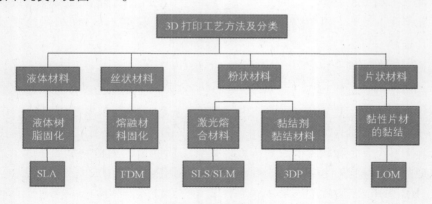

图 1-9　3D 打印技术主要的成形工艺方法及分类

1.4.1　立体光固化打印机

立体光固化(Stereo Lithography Apparatus, SLA)成形工艺(见图1-10)是目前最为成熟和广泛应用的一种3D打印技术。它以液态光敏树脂为原材料,在计算机的控制下用氦-镉激光器或氩离子激光器发射出的紫外激光束,按预定零件各切片层截面的轮廓轨迹对液态光敏树脂逐点扫描,使被扫描部位的光敏树脂薄层产生光聚合(固化)反应,从而形成零件的一个薄层截面。当一层树脂固化完毕后,工作台将下移一个层厚的距离,使在原先固化好的树脂表面上再覆盖一层新的液态树脂,刮板将黏度较大的树脂液面刮平,然后再进行下一层的激光扫描固化,新固化的一层将牢固地黏合在前一层上,如此重复,直至整个工件层叠完毕,得到一个完整的制件模型。因液态树脂具有高黏性,所以其流动性较差,在每层固化之后液面很难在短时间内迅速抚平,会影响实体的成形精度,因而需要采用刮板刮平。采用刮板刮平后所需要的液态树脂将会均匀地涂覆在上一叠层上,经过激光固化后将得到较好精度的制件,也能使成形制件的表面更加光滑平整。当制件完全成形后,把制件取出并把多余的树脂清理干净,再把支撑结构清除,最后把制件放到紫外灯下照射进行二次固化。

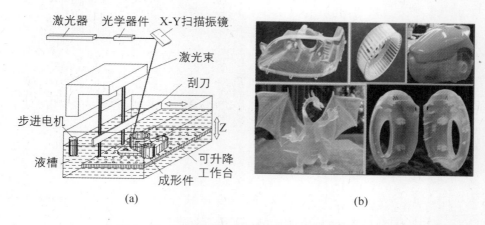

(a)　　　　　　　　　　　　　　　(b)

图1-10　SLA的3D打印原理及3D打印制件图

SLA成形技术的优点是:整个打印机系统运行相对稳定,成形精度较高,制件结构轮廓清晰且表面光滑,一般尺寸精度可控制在0.01 mm内,适合制作结构形状异常复杂的制件,能够直接制作面向熔模精密铸造的中间模。但SLA成形尺寸有较大的限制,适合比较复杂的中小型零件的制作,不适合制作体积庞大的制件,成形过程中伴随的物理变化和化学变化可能会导致制件变形,因此成形制件需要设计支撑结构。

目前，SLA 工艺所支持的材料相当有限(必须是光敏树脂)且价格昂贵。液态光敏树脂具有一定的毒性和气味，材料需要避光保存以防止提前发生聚合反应从而引起成形后的制件变形。SLA 成形的成品硬度很低且相对脆弱。此外，使用 SLA 成形的模型还需要进行二次固化，后期处理相对复杂。

1.4.2　选择性激光烧结打印机

选择性激光烧结(Selective Laser Sintering, SLS)成形工艺最早是由美国德克萨斯大学奥斯汀分校的 C. R. Dechard 于 1989 年在其硕士论文中提出的，随后 C. R. Dechard 创立了 DTM 公司并于 1992 年发布了基于 SLS 技术的工业级商用 3D 打印机 Sinterstation。SLS 成形工艺使用的是粉末状材料，激光器在计算机的操控下对粉末进行扫描照射实现材料的烧结黏合，就这样材料层层堆积实现成形。图 1-11 所示为 SLS 的成形原理及其制件。

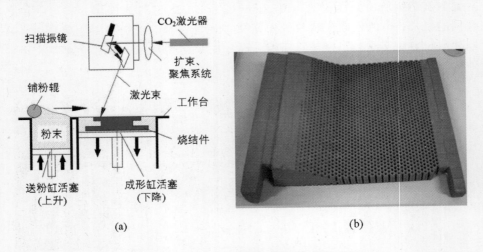

图 1-11　SLS 的成形原理及 3D 打印制件图

SLS 成形的过程为：首先转动铺粉辊或移动铺粉斗等机构将一层很薄的(100~200 μm)塑料粉末(或金属、陶瓷、覆膜砂等)铺平到已成形制件的上表面，数控系统操控激光束按照该层截面轮廓在粉层上进行扫描照射而使粉末的温度升至熔点，从而进行烧结并与下面已成形的部分实现黏结，烧结形成一个层面，使粉末熔融固化成截面形状。当一层截面烧结完后，工作台下降一个层厚，这时再次转动铺粉辊或移动铺粉斗，均匀地在已烧结的粉层表面上再铺一层粉末，进行下一层烧结，如此反复操作直至工件完全成形。未烧结的粉末保留在原位置起支撑作用，这个过程重复进行直至完成整个制件的扫描、烧结，然后去掉打印制件表面上多余的粉末，并对表面进行打磨、烘干等后处理，便可获得具有一定性能的 SLS 制件。

在 SLS 成形的过程中，未经烧结的粉末对模型的空腔和悬臂起着支撑的作用，因此 SLS 成形的制件不像 SLA 成形的制件那样需要专门设计支撑结构。与 SLA 成形工艺相比，SLS 成形工艺的优点是：

(1) 原型件机械性能好，强度高。

(2) 无须设计和构建支撑。

(3) 可供选用的材料种类多，主要有石蜡、聚碳酸酯、尼龙、纤细尼龙、合成尼龙、陶瓷，甚至还可以是金属，且成形材料的利用率高(几乎为 100%)。

SLS 成形工艺的缺点是：

(1) 制件表面较粗糙，疏松多孔。

(2) 需要进行后处理。

采用各种不同成分的金属粉末进行烧结，经渗铜等后处理工艺，特别适合制作功能测试零件，也可直接制造具有金属型腔的模具。采用热塑性塑料粉可直接烧结出"SLS 蜡模"，用于单件小批量复杂中小型零件的熔模精密铸造生产，还可以烧结 SLS 覆膜砂型及砂芯直接浇注金属铸件。

1.4.3　选择性激光熔化打印机

选择性激光熔化(Selective Laser Melting, SLM)是由德国 Fraunhofer 激光技术研究所在 20 世纪 90 年代首次提出的一种能够直接制造金属零件的 3D 打印技术。它采用了功率较大(100～500 W)的光纤激光器或 Ne - YAG 激光器，具有较高的激光能量密度和更细小的光斑直径，成形件的力学性能、尺寸精度等均较好，只需简单后处理即可投入使用，并且成形所用的原材料无需特别配制。

SLM 的成形原理及 3D 打印制件如图 1 - 12 所示。SLM 的成形原理是：采用铺粉装置将一层金属粉末材料铺平在已成形零件的上表面，控制系统控制高能量激光束按照该层的截面轮廓在金属粉层上扫描，使金属粉末完全熔化并与下面已成形的部分实现熔合。当一层截面熔化完成后，工作台下降一个薄层的厚度(0.02～0.03 mm)，然后铺粉装置又在上面铺上一层均匀密实的金属粉末，进行新一层截面的熔化，如此反复，直到成形完成整个金属制件。为防止金属氧化，整个成形过程一般在惰性气体的保护下进行，对易氧化的金属(如 Ti、Al 等)，还必须进行抽真空操作，以去除成形腔内的空气。

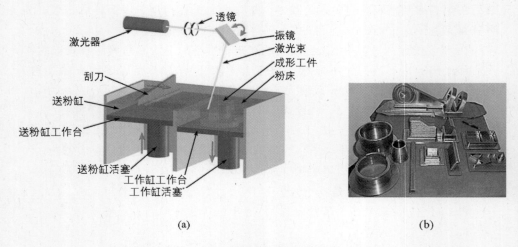

图 1-12　SLM 的成形原理及 3D 打印制件图

SLM 具有以下优点：

（1）直接制造金属功能件，无需中间工序。

（2）光束质量良好，可获得细微聚焦光斑，从而可以直接制造出较高尺寸精度和较好表面粗糙度的功能件。

（3）金属粉末完全熔化，所直接制造的金属功能件具有冶金结合组织，致密度较高，具有较好的力学性能。

（4）粉末材料可为单一材料，也可为多组元材料，原材料无需特别配制。

同时，SLM 具有以下缺点：

（1）由于激光器功率和扫描振镜偏转角度的限制，SLM 能够成形的零件尺寸范围有限。

（2）SLM 设备费用贵，机器制造成本高。

（3）成形件表面质量差，产品需要进行二次加工。

（4）SLM 成形过程中，容易出现球化和翘曲。

1.4.4　熔丝制造成形打印机

图 1-13 所示的 3D 打印机是实现材料挤压式工艺的一类增材制造装备。以前称为"熔融沉积"3D 打印机（Fused Deposition Modeling，FDM），现在这种打印机被美国 3D 打印技术委员会（F42 委员会）公布的定义称为熔丝制造（Fused Filament Fabrication，FFF）式 3D 打印机。

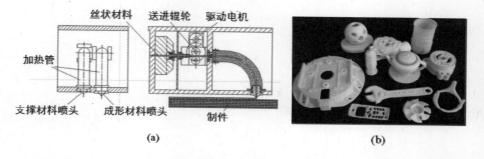

图1-13　FFF(FDM)的成形原理及3D打印制件图

FFF(FDM)具有以下优点：

(1) 不需要价格昂贵的激光器和振镜系统，故设备价格较低。

(2) 成形件韧性也较好。

(3) 材料成本低，且材料利用率高。

(4) 工艺操作简单、易学。

这种成形工艺是将热熔性丝材(通常为 ABS 或 PLA 材料)缠绕在供料辊上，由步进电机驱动辊子旋转，丝材在主动辊与从动辊的摩擦力作用下向挤出机喷头送出，由供丝机构送至喷头，在供料辊和喷头之间有一导向套，导向套采用低摩擦系数材料制成以便丝材能够顺利准确地由供料辊送到喷头的内腔。喷头的上方有电阻丝式的加热器，在加热器的作用下丝材被加热到临界半流动的熔融状态，然后通过挤出机把材料从加热的喷嘴挤出到工作台上，材料冷却后便形成了工件的截面轮廓。

采用 FFF(FDM)工艺制作具有悬空结构的工件原型时需要有支撑结构的支持，为了节省材料成本和提高成形的效率，新型的 FFF(FDM)设备采用了双喷头的设计，一个喷头负责挤出成形材料，另外一个喷头负责挤出支撑材料，而喷头则按截面轮廓信息移动，按照零件每一层的预定轨迹，以固定的速率进行熔体沉积(如图1-13(a)所示)，喷头在移动过程中所喷出的半流动材料沉积固化为一个薄层。每完成一层，工作台下降一个切片层厚，再沉积固化出另一新的薄层，进行叠加沉积新的一层，如此反复，一层层成形且相互黏结，便堆积叠加出三维实体，最终实现零件的沉积成形。FFF(FDM)成形工艺的关键是保持半流动成形材料的温度刚好在熔点之上(比熔点高1℃左右)。其每一层片的厚度由挤出丝的直径决定，通常是 0.25～0.50 mm。

一般来说，用于成形件的丝材相对更精细，而且价格较高，沉积效率也较低；用于制作支撑材料的丝材会相对较粗，而且成本较低，但沉积效率较高。支撑材料一般会选用水溶性材料或比成形材料熔点低的材料，这样在后期处理时通过物理或化学的方式就能很方便地把支撑结构去除干净。

FFF(FDM)的优点如下：

(1) 操作环境干净、安全，可在办公室环境下进行(没有毒气或化学物质的危险，不使用激光)。

(2) 工艺干净、简单，易于操作且不产生垃圾。

(3) 表面质量较好，可快速构建瓶状或中空零件。

(4) 原材料以卷轴丝的形式提供，易于搬运和快速更换(运行费用低)。

(5) 原材料费用低，材料利用率高。

(6) 可选用多种材料，如可染色的 ABS 和医用 ABS、PC、PPSF、蜡丝、聚烯烃树脂丝、尼龙丝、聚酰胺丝和人造橡胶等。

FFF(FDM)的缺点如下：

(1) 精度较低，难以构建结构复杂的零件，成形制件精度低，不如 SLA 工艺，最高精度不高。

(2) 与截面垂直的方向强度低。

(3) 成形速度相对较慢，不适合构建大型制件，特别是厚实制件。

(4) 喷嘴温度控制不当容易堵塞，不适宜更换不同熔融温度的材料。

(5) 悬臂件需加支撑，不宜制造形状复杂构件。

FFF(FDM)适合制作薄壁壳体原型件(中等复杂程度的中小原型)，该工艺适合于产品的概念建模及形状和功能测试。例如，用性能更好的 PC 和 PPSF 代替 ABS，可制作塑料功能产品。

1.4.5　分层实体打印机

分层实体制造(Laminated Object Manufacturing, LOM)成形(见图 1-14)是将底面涂有热熔胶的纸卷或塑料胶带卷等箔材通过热压辊加热黏结在一起，位于上方的激光切割器按照 CAD 分层模型所获数据，用激光束或刀具对纸或箔材进行切割，首先切割出工艺边框和所制零件的内外轮廓，然后将不属于原型本体的材料切割成网格状，接着将新的一层纸或胶带等箔材再叠加在上面，通过热压装置和下面已切割层黏合在一起，激光束或刀具再次切割制件轮廓，如此反复逐层切割、黏合、切割……直至整个模型制作完成。通过升降平台的移动和纸或箔材的送进可以切割出新的层片并将其与先前的层片黏结在一起，这样层层叠加后得到一个块状物，最后将不属于原型轮廓形状的材料小块剥除，就获得了所需的三维实体。上面所说的箔材可以是涂覆纸(单边涂有黏结剂覆层的纸)、涂覆陶瓷箔、金属箔或其他材质基的箔材。

LOM 成形的优点是：

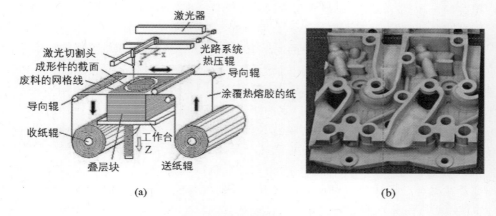

(a)   (b)

图 1-14　LOM 的成形原理及 3D 打印制件图

（1）无需设计和构建支撑。

（2）只需切割轮廓，无需填充扫描整个断面。

（3）制件有较高的硬度和较好的力学性能（与硬木和夹布胶木相似）。

（4）LOM 制件可像木模一样进行胶合，可进行切削加工和用砂纸打磨、抛光，提高表面光滑程度。

（5）原材料价格便宜，制造成本低。

LOM 成形的缺点是：

（1）材料利用率低，且种类有限。

（2）分层结合面连接处台阶明显，表面质量差。

（3）原型易吸湿膨胀，层间的黏合面易裂开，因此成形后应尽快对制件进行表面防潮处理并刷防护涂料。

（4）制件内部废料不易去除，处理难度大。

综上分析，LOM 成形工艺适合于制作大中型、形状简单的实体类原型件，特别适用于直接制作砂型用的铸模（替代木模）。图 1-14(a)所示为以单面涂有热熔胶的纸为原料、并用 LOM 成形的火车机车发动机缸盖模型。

目前该成形技术的应用已被其他成形技术（如 SLS、3DP 等成形技术）所取代，故 LOM 的应用范围已渐渐缩小。

1.4.6　黏结剂喷射打印机

黏结剂喷射打印机（Three Dimensional Printing，3DP）利用喷墨打印头逐点喷射黏结剂来黏结粉末材料的方法制造原型件。3DP 的成形过程与 SLS 相似，只是将 SLS 中的激光束变成喷墨打印头喷射的黏结剂（"墨水"），其工作原理类似于喷墨打印机，是形式上最为贴合"3D打印"概念的成形技术之一。3DP工艺与SLS工艺也有类似的地方，采用的都是粉末状的材料，如陶瓷、金属、塑料，但与其不同的是3DP使用的粉末并不是通过激光烧结黏合在一起的，而是通过喷头喷射黏结剂将工件的截面"打印"出来并一层层堆积成形的。图1-15所示为3DP的成形原理及3D打印制件。工作时3DP设备会把工作台上的粉末铺平，接着喷头会按照指定的路径将液态黏结剂(如硅溶胶)喷射在预先粉层上的指定区域中，上一层黏结完毕后，成形缸下降一个距离(等于层厚0.013～0.1 mm)，供(送)粉缸上升一个层厚的高度，推出若干粉末，并被铺粉辊推到成形缸，铺平并被压实。喷头在计算机的控制下，按下一层建造截面的成形数据有选择地喷射黏结剂。铺粉辊铺粉时多余的粉末被收集到集粉装置中。如此周而复始地送粉、铺粉和喷射黏结剂，最终完成一个三维粉体的黏结(即制造出成形制件)。粉床上未被喷射黏结剂的地方仍为干粉，在成形过程中起支撑作用，且成形结束后比较容易去除。

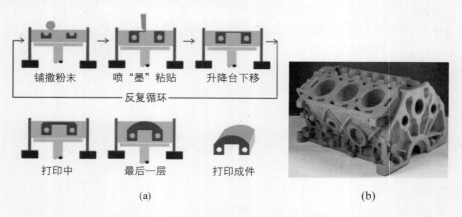

图1-15　3DP的成形原理及3D打印制件图

3DP的优点是：

(1)成形速度快，成形材料价格低。

(2)在黏结剂中添加颜料，可以制作彩色原型，这是该工艺最具竞争力的特点之一。

(3)成形过程不需要支撑，多余粉末的去除比较方便，特别适合于做内腔复杂的原型。

(4)适用于3DP成形的材料种类较多，并且还可制作复合材料或非均匀材质材料的零件。

3DP的缺点是强度较低，只能做概念型模型，而不能做功能性试验件。

与 SLS 技术相同，3DP 技术可使用的成形材料和能成形的制件较广泛，在制造多孔的陶瓷部件(如金属陶瓷复合材料多孔坯体或陶瓷模具等)方面具有较大的优越性，但制造致密的陶瓷部件具有较大的难度。

1.5　3D 打印技术的应用与发展

新产品开发中，总要经过对初始设计的多次修改，才能真正推向市场，而修改模具的制作是一件费钱费时的事情，拖延时间就可能失去市场。虽然利用电脑虚拟技术可以非常逼真地在屏幕上显示所设计的产品外观，但视觉上再逼真，也无法与实物相比。由于市场竞争激烈，因此产品开发周期直接影响着企业的生死存亡，故客观上需要一种可直接将设计数据快速转化为三维实体的技术。3D 打印技术直接将电脑数据转化为实体，实现了"心想事成"的梦想。其主要的应用领域如图 1-16 所示。

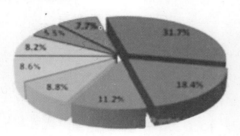

- 紫色(机动车辆、汽车31.7%)
- 蓝色(消费品18.4%)
- 绿色(经营产品11.2%)
- 黄绿色(医药8.8%)
- 黄色(医疗8.6%)
- 泥巴黄(航空8.2%)
- 红色(政府军队5.5%)
- 酱红色(其他7.7%)

图 1-16　3D 打印的主要应用领域

从制造目标来说，3D 打印主要用于快速概念设计及功能测试原型制造、快速模具原型制造、快速功能零件制造。但大多数 3D 打印作为原型件进行新产品开发和功能测试等。快速直接制模及快速功能零件制造是 3D 打印面临的一个重大技术难题，也是 3D 打印技术发展的一个重要方向。根据不同的制造目标 3D 打印技术将相对独立发展，更加趋于专业化。

1.5.1　3D 打印技术的应用

1. 设计方案评审

借助于 3D 打印的实体模型，不同专业领域(设计、制造、市场、客户)的人员可以对产品实现方案、外观、人机功效等进行实物评价。

2. 制造工艺与装配检验

借助 3D 打印的实体模型结合设计文件，可有效指导零件和模具的工艺设计，或进行产品装配检验，避免结构和工艺设计错误。

3. 功能样件制造与性能测试

3D打印制造的实体功能件具有一定的结构性能，同时利用3D打印技术可直接制造金属零件，或制造出熔（蜡）模，再通过熔模铸造金属零件，甚至可以打印制造出特殊要求的功能零件和样件等。

4. 快速模具小批量制造

以3D打印制造的原型作为手模板，制作硅胶、树脂、低熔点合金等快速模具，可便捷地实现几十件到数百件数量零件的小批量制造。

5. 建筑总体与装修展示评价

利用3D打印技术可实现模型真彩及纹理打印的特点，可快速制造出建筑的设计模型，进行建筑总体布局、结构方案的展示和评价。3D打印建筑模型快速、成本低、环保，同时制作精美，完全合乎设计者的要求，同时又能节省大量材料。

6. 科学计算数据实体可视化

计算机辅助工程、地理地形信息等科学计算数据可通过3D彩色打印，实现几何结构与分析数据的实体可视化。

7. 医学与医疗工程

通过医学CT数据的三维重建技术，利用3D打印技术制造器官、骨骼等实体模型，可指导手术方案设计，也可打印制作组织工程原型件和定向药物输送骨架等。

8. 首饰及日用品快速开发与个性化定制

不管是个性笔筒，还是有浮雕的手机外壳，抑或是世界上独一无二的戒指，都有可能通过3D打印机打印出来。

9. 动漫艺术造型评价

借助于动漫艺术造型评价可实现动漫模型的快速制造，指导和评价动漫造型设计。

10. 电子器件的设计与制作

利用3D打印可在玻璃、柔性透明树脂等基板上，设计制作电子器件和光学器件，如RFID、太阳能光伏器件、OLED等。

11. 文物保护

用3D打印机可以打印复杂文物的替代品，以保护博物馆里原始作品不受环境或意外事件的伤害，同时复制品也能将艺术或文物的影响传递给更多更远的人。

12. 食品3D打印机

目前已可以用3D打印机打印个性化巧克力食品。

1.5.2 3D打印技术与行业结合的优势

1. 3D打印与医学领域

（1）为再生医学、组织工程、干细胞和癌症等生命科学与基础医学研究领域提供新的研究工具。

采用3D打印来创建肿瘤组织的模型，可以帮助人们更好地理解肿瘤细胞的生长和死亡规律，这为研究癌症提供了新的工具。苏格兰研究人员利用一种全新的3D打印技术，首次用人类胚胎干细胞进行了3D打印，由胚胎干细胞制造出的三维结构可以让我们创造出更准确的人体组织模型，这对于试管药物研发和毒性检测都有着重要意义。从更长远的角度看，这种新的打印技术可以为人类胚胎干细胞制作人造器官铺平道路。

（2）为构建和修复组织器官提供新的临床医学技术，推动外科修复整形、再生医学和移植医学的发展。

3D打印的器官不但解决了供体不足的问题，而且避免了异体器官的排异问题，未来人们想要更换病变的器官将成为一种常规治疗方法。

（3）开发全新的高成功率药物筛选技术和药物控释技术。

利用生物打印出药物筛选和控释支架，可为新药研发提供新的工具。美国麻省理工学院利用3DP工艺和聚甲基丙烯酸甲（PMMA）材料制备了药物控释支架结构，对其生物相容性、降解性和药物控释性能进行了测试。英国科学家使用热塑性生物可吸收材料采用激光烧结3D打印技术制造出的气管支架已成功植入婴儿体内。

（4）制造"细胞芯片"，在设计好的芯片上打印细胞，为功能性生物研发做铺垫。

目前，组织工程面临的挑战之一就是如何将细胞组装成具有血管化的组织或器官，而使用生物3D打印技术制造"细胞芯片"，并使细胞在芯片上生长，为"人工眼睛"、"人工耳朵"和"大脑移植芯片"等功能性生物研发做铺垫，帮助患有退化性眼疾的病人。

（5）定制化、个性化假肢和假体的3D打印为广大患者带来福音。

根据每个人个体的不同，针对性地打造植入物，以追求患者最高的治疗效果。假肢接受腔、假肢结构和假肢外形的设计与制造精度直接影响着患者的舒适度和功能。2013年美国的一名患者成功接受了一项具有开创性的手术，用3D打印头骨替代75%的自身头骨。这项手术中使用的打印材料是聚醚酮，为患者定制的植入物两周内便可完成。目前国内3D打印骨骼技术也已取得初步成就，在脊柱及关节外科领域研发出了几十个3D打印脊柱外科植入物，其中颈椎椎间融合器、颈椎人工椎体、人工髋关节、人工骨盆(见图1-17)等多个产品已经进入临床观察阶段。实验结果非常乐观，骨长入情况非常好，在很短的时间内，就可以看到骨细胞已经长进到打印骨骼的孔隙里面，2013年被正式批准进入临床观察阶段。

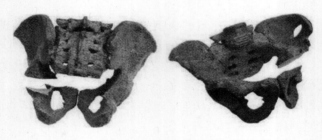

图1-17　根据患者CT数据制作的人工骨盆3D打印原型件

(6) 3D打印技术开发的手术器械提供了更直观的新型医疗模式。

3D打印技术能够把虚拟的设计更直接、更快速地转化为现实。在一些复杂的手术(如移植手术)中，医生需要对手术过程进行模拟。以前，这种模拟主要基于图像——用CT或者PET检查获取病人的图像，利用3D打印技术，就可以直接做出和病人数据一模一样的结构，这对手术的影响将是巨大的。

2. 3D打印与制造领域

3D打印技术在制造业的应用为工厂进行小批量生产提供了可能性，也为人们订购满足于自身需求的产品提供了可能性。另外，3D打印技术在制造业上的广泛应用也大大降低了工厂的生产周期和成本，提高了生产效率，在减少手工工人数量的同时又保证了生产的精确度和高效率。随着3D打印材料性能的提高、打印工艺的日渐完善，3D打印在制造业领域的应用将会越来越广泛、普遍。3D打印与制造业结合有以下优势：

1) 使用3D打印技术可加快设计过程

在设计阶段，产品停留的时间越长，进入市场的时间也越晚，这意味着公司丢失了潜在利润。随着将新产品迅速推向市场，会带来越来越多的压力，在概念设计阶段，公司就需要做出快速而准确的决定。材料选择、制造工艺和设计水平成为决定总体成本的大部分因素。通过加快产品的试制，3D打印技术可以优化设计流程，以获得最大的潜在收益。3D打印可以加快企业决定一个概念是否值得开发的过程。

2）用3D打印生成原型可节省时间

在有限的时间里，3D打印能够有更快的反复过程，工程师可以更快地看到设计变化所产生的结果。企业内部3D打印可以消除由于外包服务而造成的各种延误（如运输延迟）。

3）用3D打印可进行更有效的设计，增加新产品成功的机会

3D打印技术在产品开发中的关键作用和重要意义是很明显的，它不受复杂形状的任何限制，可迅速地将显示于计算机屏幕上的设计变为可进一步评估的实物。根据原形可对设计的正确性、造型合理性、可装配和干涉进行具体的检验。对形状较复杂而贵重的零件（如模具），如直接依据CAD模型不经原型阶段就进行加工制造，这种简化的做法风险极大，往往需要多次反复才能成功，不仅延误开发进度，而且往往需花费更多的资金。通过原型的检验可将此种风险减到最低限度。3D打印可以增加新产品成功的机会，因为有更全面的设计评估和迭代过程。迭代优化的方法要有更快的周期，这是不延长设计过程的唯一方法。

一般来说，采用3D打印技术进行快速产品开发可减少产品开发成本的30%～70%，减少开发时间。图1-18(a)所示为广西玉林柴油机集团开发研制的KJ100四气门六缸柴油发动机缸盖铸件，其特点是：① 外形尺寸大，长度接近于1米(964.7 mm×247.2 mm×133 mm)；② 砂芯品种多且形状复杂，全套缸盖砂芯包括底盘砂芯、上水道芯、下水道芯、进气道芯、排气道芯、盖板芯，共计6种砂芯（见图1-18(b)～(f)）；③ 铸件壁薄（最薄处仅5 mm），属于难度很大的复杂铸件。该铸件用传统开模具方法制造需半年时间，模具费约200多万元，并且不能保证手板模具不需要修改的情况；而采用3D打印技术仅1周多时间就可打印出全套砂芯，装配后成功浇注，铸造出合格的RuT-340缸盖铸件。这样该发动机可提前半年投入市场，获得丰厚的经济效益。

4）采用3D打印技术可降低产品设计成本

对3D打印系统进行评估时，要考虑设施的要求、运行系统需要的专门知识、精确性、耐用性、模型的尺寸、可用的材料、速度，当然还有成本。3D打印提供了在大量设计迭代中极具成本效益的方式，并在整个开发过程中的关键开始阶段便能获得及时反馈。快速改进形状、配合和功能的能力大大减少了生产成本和上市时间。这为那些把3D打印作为设计过程一部分的公司建立了一个独有的竞争优势。低成本将继续扩大3D打印的市场，特别是在中小型企业和

(a) KJ100四气门六缸柴油发动机缸盖铸件

(b) 进、排气道砂芯

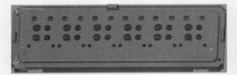
(c) 底盘砂芯

(d) 下水道砂芯

(e) 底盘砂芯

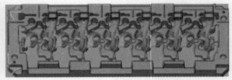
(f) 下水道砂芯

图 1-18　KJ100 四气门六缸柴油发动机缸盖铸件及用 SLS 3D 打印的
六缸缸盖全套砂芯实例

学校，这些打印机的速度、一致性、精确性和低成本将帮助企业缩短产品进入市场的时间，保持竞争优势。

3. 3D 打印与快速制模领域

用 3D 打印技术直接制作金属模具是当前技术制模领域研发的热点，下面介绍其中的工艺。

1）金属粉末烧结成形

金属粉末烧结成形就是用 SLS 法将金属粉末直接烧结成模具，比较成熟的工艺仍是 DTM 公司的 Rapid Tool 和 EOS 公司的 Direct Tool。德国 EOS 公司在 Direct Tool 工艺的基础上推出了所谓的直接金属激光烧结(Direct Metal Laser Sintering, DMLS)系统，所使用的材料为新型钢基粉末，这种粉末的颗粒很细，烧结的叠层厚度可小至 $20~\mu m$，因而烧结出的制件精度和表面质量都较好，制件密度为钢的 $95\%\sim99\%$，现已实际用于制造注塑模和压铸模等模具，经过短时间的微粒喷丸处理便可使用。如果模具精度要求很高，可在烧结成形后再进行高速精铣。

2）金属薄(箔)材叠层成形

金属薄(箔)材叠层成形是 LOM 法的进一步发展，其材料不是纸，而是金属(钢、铝等)薄材。它是用激光切割或高速铣削的方法制造出层面的轮廓,再经由焊接或黏结叠加为三维金属制件。比如,日本先用激光将两块表面涂敷低熔点合金的厚度为 0.2 mm 的薄钢板切割成层面的轮廓,再逐层互焊成为钢模具。金属薄材毕竟厚度不会太小,因此台阶效应较明显,如材料为薄膜便可使成形精度得到改进。一种称为 CAM-LEM 的快速成形工艺就是用黏结剂黏结金属或陶瓷薄膜,再用激光切割出制件的轮廓或分割块,制出的半成品还需放在炉中烧结,使其达到理论密度的 99%,同时会引起 18%的收缩。

3) 基于 3D 技术的间接快速制模法

基于 3D 技术的间接快速模具制造可以根据所要求模具寿命的不同,结合不同的传统制造方法来实现。

(1) 对于寿命要求不超过 500 件的模具,可使用以 3D 打印原型件作母模、再浇注液态环氧树脂与其他材料(如金属粉)的复合物而快速制成的环氧树脂模。

(2) 若仅仅生产 20~50 件注塑模,则可使用由硅橡胶铸模法(以 3D 打印原型件为母模)制作的硅橡胶模具。

(3) 对于寿命要求在几百件至几千件(上限为 3000~5000 件)的模具,常使用由金属喷涂法或电铸法制成的金属模壳(型腔)。金属喷涂法是在 3D 打印原型件上喷涂低熔点金属或合金(如用电弧喷涂 Zn - Al 伪合金),待沉积到一定厚度形成金属薄壳后,再背衬其他材料,然后去掉原型便得到所需的型腔模具。电铸法与此法类似,不过它不是用喷涂而是用电化学方法通过电解液将金属(镍、铜)沉积到 3D 打印原型件上形成金属壳,所制成的模具寿命比金属喷涂法更长,但其成形速度慢,且对于非金属原型件的表面尚需经过导电预处理(如涂导电胶使其带电)才能进行电铸。

(4) 对于寿命要求为成千上万件(3000 件以上)的硬质模具,主要是钢模具,常用 3D 打印技术快速制作石墨电极或铜电极,再通过电火花加工法制造出钢模具。比如,以 3D 打印原型件作母模,翻制由环氧树脂与碳化硅混合物构成整体研磨模(研磨轮),再在专用的研磨机上研磨出整体石墨电极。

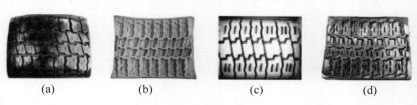

(a)   (b)   (c)   (d)

图 1-19 轮胎合金铸铁模的快速制模过程

图 1-19 所示为子午线轮胎 3D 打印快速制模的过程实例(见图 1-19)。图中，图(a)是用 3D 打印轮胎原型，图(b)为轮胎原型翻制的硅橡胶凹模，图(c)是用硅橡胶凹模翻制的陶瓷型，图(d)是将铁水浇注到陶瓷型里面，冷凝后而获得的轮胎的合金铸铁模。

图 1-20 所示为开关盒 3D 打印快速制模的过程实例(见图 1-20)。首先用 LOM 3D 打印制造开关盒原型凸模(见图 1-20(a))，经打磨、抛光等表面处理并在表面喷镀导电胶，然后将喷镀导电胶的凸模原型进行电铸铜，形成金属薄壳，再用板料将薄壳四周围成框，之后向其中注入环氧树脂等背衬材料，便可得到铜质面、硬背衬的开关盒凹模(见图 1-20(b))。

(a) LOM3D打印原型件

(b) 电铸铜后的模具

图 1-20　LOM 3D 打印开关盒模具实例

4. 3D 打印与教育领域

当今世界已经进入信息时代，人们的思维方式、生活方式、工作方式及教育方式等都随之改变。教育是富国之本、强国之本，而高等教育是培养现代化科技人才的主要渠道。教育的信息化给人们的学习带来了前所未有的转变，新的教育理念和新的教育环境正逐步塑造着教学和学习的新形态。3D 打印技术所具有的特性为教学提供了新的路径，其在高等教育中的应用主要有以下几个方面。

1) 方便打造教学模具

随着 3D 打印的成本越来越低，在教育领域可以运用 3D 打印打造教学模具来进行教学，逆袭传统的制造业。3D 打印可以应用教学模拟进行演示教学和探索教学，也可以让学生参与到互动式游戏教学中。例如，在仿真教学和试验中，3D 打印出来的物品可以模拟课堂实验中难以实现或者要耗费很大成本才能实现的各项试验，如造价昂贵的大型机械实验等。3D 打印最大的特点就是只要拥有三维数据和设计图，便可以打造出想要的模型，生产周期短，不用大规模的批量生产，可以节约成本。利用 3D 打印可以丰富教学内容，将一些实验搬到课堂中进行，通过观摩 3D 打印的实验物品，学生可以反复练习操作，不必购置昂贵的实验设备。和虚拟实验三维设计相比，它的优势在于可以进行实际的操作和观察，更为直观。3D 打印更擅长制造复杂的结构，给学生以直观的教学，使学生身临其境，更好地完成对知识的认知。

2）改善老师的教学方法

3D打印综合运用虚拟现实、多媒体、网络等技术，可以在课堂和实验中展示传统的教学模式中无法实现的教学过程。运用3D打印可以使教师等教育工作者逐渐养成用数字时代的思维方式去培养学生的行为方式与习惯，使课堂教学更加丰富多彩，有利于加强互动式教学，提高课堂效率。3D打印的逼真效果更加贴近现实的情景，将会给现阶段教育技术的发展水平带来一次重大飞跃。3D打印可以改善教师的教学方法，把一些抽象的东西打印出来进行讨论，激发学生无限的想象。教师把3D打印物品结合到讲课内容中，通过对模型的讲解，了解到学生对哪些问题不懂，从台前走到学生中间，帮学生解决学习中的困难，学生成为生活中的主体、教学活动的中心以及教师关注的重点。

3）3D打印激发学生的兴趣

通过3D打印模型的刺激，以及学生的内心加工，学生会迸发出自己的想法，提高创造力。让学生观察模拟物品，还可以激发学生的好奇心，提高学生的设计能力、动手能力，激发学生的兴趣，使得课堂主动、具体、富于感染力。3D打印技术在教育领域的应用增加了学生获得知识的学习方法，学生可以把自己的设计思想打印出来，并验证这个模型是否符合自己的设想。

1.5.3　3D打印技术在国内的发展现状

与发达国家相比，我国3D打印技术发展虽然在技术标准、技术水平、产业规模与产业链方面还存在大量有待改进的地方，但经过多年的发展，已形成以高校为主体的技术研发力量布局，若干关键技术取得了重要突破，产业发展开始起步，形成了小规模产业市场，并在多个领域成功应用，为下一步发展奠定了良好的基础。

1. 初步建立了以高校为主体的技术研发力量体系

自20世纪90年代初开始，清华大学、华中科技大学、西安交通大学、北京航空航天大学、西北工业大学等高校相继开展了3D打印技术研究，成为我国开展3D打印技术的主要力量，推动了我国3D打印技术的整体发展。北京航空航天大学"大型整体金属构件激光直接制造"教育部工程研究中心的王华明团队、西北工业大学凝固技术国家重点实验室的黄卫东团队，主要开展金属材料激光净成形直接制造技术研究。清华大学生物制造与快速成形技术北京市重点实验室颜永年团队主要开展熔融沉积制造技术、电子束融化技术、3D生物打印技术研究。华中科技大学材料成形与模具技术国家重点实验室史玉升团队主要从事塑性成形制造技术与装备、快速成形制造技术与装备、快速三维测量技术与装备等静压近净成形技术研究。西安交通大学制造系统工程国家重点实验室以及快速制造技术及装备国家工程研究中心的卢秉恒院士团队主要从事高分子材料光固化 3D 打印技术及装备研究。

2. 整体实力不断提升，金属 3D 打印技术世界领先

我国增材制造技术从零起步，在广大科技人员的共同努力下，技术整体实力不断提升，在 3D 打印的主要技术领域都开展了研究，取得了一大批重要的研究成果。目前高性能金属零件激光直接成形技术世界领先，并攻克了金属材料 3D 打印的变形、翘曲、开裂等关键问题，成为首个利用选择性激光熔化 (SLM) 技术制造大型金属零部件的国家。北京航空航天大学已掌握使用激光快速成形技术制造超过 12 m^2 的复杂钛合金构件的方法。西北工业大学的激光立体成形技术可一次打印超过 5 m 的钛金属飞机部件，构件的综合性能达到或超过锻件。北京航空航天大学和西北工业大学的高性能金属零件激光直接成形技术已成功应用于制造我国自主研发的大型客机 C919 的主风挡窗框、中央翼根肋，成功降低了飞机的结构重量，缩短了设计时间，使我国成为目前世界上唯一掌握激光成形钛合金大型主承力构件制造且付诸实用的国家。

3. 产业化进程加快，初步形成小规模产业市场

利用高校、科研院所的研究成果，依托相关技术研究机构，我国已涌现出 20 多家 3D 打印制造设备与服务的企业，如北京隆源、武汉滨湖机电、北方恒力、湖南华曙、北京太尔时代、西安铂力特等。这些公司的产品已在国家多项重点型号研制和生产过程中得到了应用，如应用于 C919 大型商用客机中央翼身缘条钛合金构件的制造，这项应用是目前国内金属 3D 打印技术的领先者；武汉滨湖机电技术产业有限公司主要生产 LOM、SLA、SLS、SLM 系列产品并进行技术服务和咨询，1994 年就成功开发出我国第一台快速成形装备——薄材叠层快速成形系统，该公司开发生产的大型激光快速制造装备具有国际领先水平；2013 年华中科技大学开发出全球首台工作台面为 1.4 m×1.4 m 的四振镜激光器选择性激光粉末烧结装备，标志着其粉末烧结技术达到了国际领先水平。

4. 应用取得突破，在多个领域显示了良好的发展前景

随着关键技术的不断突破，以及产业的稳步发展，我国 3D 打印技术的应用也取得了较大进展，已成功应用于设计、制造、维修等产品的全寿命周期。

(1) 在设计阶段，已成功将 3D 打印技术广泛应用于概念设计、原型制作、产品评审、功能验证等，显著缩短了设计时间，节约了研制经费。在研制新型战斗机的过程中，采用金属 3D 打印技术快速制造钛合金主体结构，在一年之内连续组装了多架飞机进行飞行试验，显著缩短了研制时间。某新型运输机在

做首飞前的静力试验时，发现起落架连接部位一个很复杂的结构件存在问题，需要更换材料、重新加工。采用3D打印技术，在很短的时间内就生产出了需要的部件，保证了试验如期进行。

（2）在制造领域，已将3D打印技术应用于飞机紧密部件和大型复杂结构件制造。我国国产大型客机C919的中央翼根肋、主风挡窗框都采用3D打印技术制造，显著降低了成本，节约了时间。C919主风挡窗框若采用传统工艺制造，国内制造能力尚无法满足，必须向国外订购，时间至少需要2年，模具费需要1300万元。采用激光快速成形3D打印技术制造，时间可缩短到2个月内，成本降低到120万元。

（3）在维修保障领域，3D打印技术已成功应用于飞机部件维修。当前，我国已将3D打印技术应用于制造过程中报废和使用过程中受损的航空发动机叶片的修复，以及大型齿轮的修复。

1.5.4 3D打印技术在国内的发展趋势

1. 3D打印既是制造业，更是服务业

3D打印的产业链涉及很多环节，包括3D打印机设备制造商、3D模型软件供应商、3D打印机服务商和3D打印材料的供应商。因此围绕3D打印的产业链会使企业产生很多机会。在3D打印产业链里，除了出现大品牌的生产厂商外，也有可能出现基于3D打印提供服务的巨头。

2. 目前3D打印产业处于产业化的初期阶段

目前我国3D打印技术发展面临诸多挑战，总体处于新兴技术产业化的初级阶段，主要表现在：

（1）产业规模化程度不高。3D打印技术大多还停留在高校及科研机构的实验室内，企业规模普遍较小。

（2）技术创新体系不健全。创新资源相对分割，标准、试验检测、研发等公共服务平台缺乏。

（3）产业政策体系尚未完善。缺乏前瞻性、一致性、系统性的产业政策体系，包括发展规划和财税支持政策等。

（4）行业管理亟待加强。

（5）教育和培训制度急需加强。

3. 与传统的制造技术形成互补

相比于传统生产方式，3D打印技术的确是重大的变革，但目前和近中期还不具备推动第三次工业革命的实力，短期内还难以颠覆整个传统制造业模式。

理由有三：

（1）3D打印只是新的精密技术与信息化技术的融合，相比于机械化大生产，不是替代关系，而是平行和互补关系。

（2）3D打印原材料种类有限，决定了绝大多数产品打印不出来。

（3）个性化打印成本极高，很难实现传统制造方式的大批量、低成本制造。

4. 3D打印技术是典型的颠覆性技术

从长期来看，这项技术最终将给工业生产和经济组织模式带来颠覆性的改变。3D打印技术其实就是颠覆性、破坏性的技术。当前，3D打印技术的应用被局限于高度专门化的需求市场或细分市场（如医疗或模具）。但颠覆性技术会不断发展，以低成本满足较高端市场的需要，然后以"农村包围城市"的方式逐步夺取天下。尽管3D打印主要适用于小批量生产，但是其打印的产品远远优于传统制造业生产的产品——更轻便、更坚固、定制化、多种零件直接整组成形。3D打印的另一个颠覆性特征是：单台机器能创建各种完全不同的产品。而传统制造方式需要改变流水线才能完成定制生产，其过程需要昂贵的设备投资和长时间的工厂停机。不难想象，未来的工厂用同一个车间的3D打印机既可制造茶杯，又能制造汽车零部件，还能量身定制医疗产品。

十余年来，3D打印技术已经步入初成熟期，已经从早期的原型制造发展出包含多种功能、多种材料、多种应用的许多工艺，在概念上正在从快速原型转变为快速制造，在功能上从完成原型制造向批量定制发展。基于这个基本趋势，3D打印设备已逐步向概念型、生产型和专用成形设备分化。

1）概念模型

3D打印设备是指利用3D打印工艺制造用于产品设计、测试或者装配等的原型。所成形的零件主要在于形状、色彩等外观表达功能，对材料的性能要求较低。这种设备当前总的发展趋势是：成形速度快；产品具有连续变化的多彩色（多材料）；普通微机控制，通过标准接口进行通信；体积小，是一种桌面设备；价格低；绿色制造方式，无污染、无噪声。

2）生产型设备

生产型设备是指能生产最终零件的3D打印设备。与概念原型设备相比，这种设备一般对产品有较高的精度、性能和成形效率要求，设备和材料价格较昂贵。

3）应用于生物医学制造领域的专用成形设备

应用于生物医学制造领域的专用成形设备是今后发展的趋势。3D打印设备能够生产任意复杂形状、高度个性化的产品，能够同时处理多种材料，制造具有材料梯度和结构梯度的产品。这些特点正好满足生物医学领域，特别是组织工程领域一些产品的成形要求。

1.5.5 3D打印技术发展的未来

1. 材料成形和材料制备

3D打印技术基于离散/堆积原理，采用多种直写技术控制单元材料状态，将传统上相互独立的材料制备和材料成形过程合而为一，建立了从零件成形信息及材料功能信息数字化到物理实现数字化之间的直接映射，实现了从材料和零件的设计思想到物理实现的一体化。

2. 直写技术

直写技术用来创造一种由活动的细胞、蛋白、DNA片段、抗体等组成的三维工程机构，将在生物芯片、生物电气装置、探针探测、更高柔性的RP工艺、柔性电子装置、生物材料加工和操纵自然生命系统、培养变态和癌细胞等方面中具有不可估量的作用。其最大的作用在于用制造的概念和方法完成活体成形，突破了千百年禁锢人们思想的枷锁——制造与生长之界限。

（1）开发新的直写技术，扩大适用于3D打印技术的材料范围，进入到细胞等活性材料领域。

（2）控制更小的材料单元，提高控制的精度，解决精度和速度的矛盾。

（3）对3D打印工艺进行建模、计算机仿真和优化，从而提高3D打印技术的精度，实现真正的净成形。

（4）随着3D打印技术进入到生物材料中功能性材料的成形，材料在直写过程中的物理化学变化尤其应得到重视。

3. 生物制造与生长成形

（1）"生物零件"应该为每个个体的人设计和制造，而3D打印能够成形任意复杂的形状，提供个性化服务。

（2）快速原型能够直接操纵材料状态，使材料状态与物理位置匹配。

（3）3D打印技术可以直接操纵数字化的材料单元，给信息直接转换为物理实现提供了最快的方式。

4. 计算机外设和网络制造

3D打印技术是全数字化的制造技术，3D打印设备的三维成形功能和普通打印机具有共同的特性。小型的桌面3D打印设备有潜力作为计算机的外设进入艺术和设计工作室、学校和教育机构甚至家庭，成为设计师检验设计概念、学校培养学生创造性设计思维、家庭进行个性化设计的工具。

5. 快速原型与微纳米制造

微纳米制造是制造科学中的一个热点问题，根据 3D 打印的原理和方法制造 MEMS 是一个有潜力的方向。目前，常用的微加工技术方法从加工原理上属于通过切削加工去除材料、"由大到小"的去除成形工艺，难以加工三维异形微结构，使零件尺寸深宽比的进一步增加受到了限制。快速原型根据离散/堆积的降维制造原理，能制造任意复杂形状的零件。另外，3D 打印对异质材料的控制能力，也可以用于制造复合材料或功能梯度的微机械。

综上所述，3D 打印存在以下问题：

(1) 3D 打印设备价格偏高，投资大，成形精度有限，成形速度慢。

(2) 3D 打印工艺对材料有特殊要求，其专用成形材料的价格相对偏高。

这些缺点影响了 3D 打印技术的普及应用，但随着其理论研究和实际应用不断向纵深发展，这些问题将得到不同程度的解决。可以预期，未来的 3D 打印技术将会更加充满活力。

6. 3D 打印技术的发展路线

- 技术发展：3D➡4D(智能结构)➡5D(生命体)。
- 应用发展：快速原型➡产品开发➡批量制造。
- 材料发展：树脂➡金属材料➡陶瓷材料➡生物活性材料。
- 模式发展：科技企业➡产业➡分散式制造。
- 产业发展：装备➡各领域应用➡尖端科技。
- 人员发展：科技界➡企业➡金融➡创客➡协同创新。

第2章 SLM 3D 打印技术概述

2.1 SLM 技术的发展历史

1995 年德国 Fraunhofer 激光研究所在激光选区烧结(Selective Laser Sintering, SLS)的基础上提出了激光选区熔化(Selective Laser Melting, SLM)技术,开辟了激光增材制造技术的新方向。国外对 SLM 技术研究主要集中在德国、英国、法国、日本和比利时等国家,其中德国是从事 SLM 技术研究最早和最深入的国家。世界上第一台 SLM 设备是由英国 MCP 集团公司的德国 MCP - HEK 分公司于 2003 年底推出的,可制造冲压模、压铸模、注塑模、医用植入物和单件或小批量的复杂金属零件。目前,德国 EOS 公司、Concept Laser 公司、SLM Solution 公司和法国 Phenix-systems 公司均推出了系列商品化 SLM 设备。此外,法国的 DIPI 实验室,日本的 Oskada 实验室,英国的 Leeds 大学、Loughborough 大学、Liverpool 大学,新加坡南洋理工大学以及比利时 Leuven 大学等高校也在 SLM 理论、工艺和应用方面进行了比较深入的研究。国内最早开展 SLM 技术研究的是华中科技大学和华南理工大学。其中华中科技大学依托产业化公司推出了商品化 SLM 设备,华南理工大学则在 SLM 成形个性化医学修复体/植入体方面开展了应用研究。

由于 SLM 技术能解决传统金属加工工艺难以克服的复杂整体结构、内部异形流道、空间栅格轻量化结构等加工难题,在航空航天、国防军事、模具以及生物医疗等领域受到高度重视。欧盟以及美国、澳大利亚等国的相关部门通过投入大量经费开展相关研究,极大地推动了该技术的工业化进程。目前,以美国为首的西方发达国家将增材制造技术视为带来革命性变革的制造新技术,SLM 因其独特的技术优势备受关注。在我国的"十三五"科技发展规划"3D 打印专项"中,SLM 技术也是重要的研发内容之一。

2.2　SLM 技术的工作原理

SLM 系统构成如图 2-1 所示，主要包括激光系统、光路控制系统、振镜扫描系统、成形腔、气氛保护/净化系统、铺粉系统、送粉缸(或落粉装置)/工作缸、控制系统(工控机)等部分。

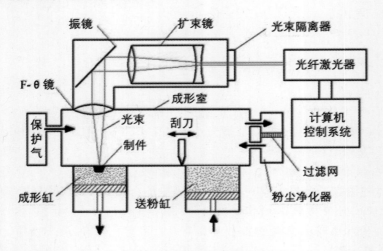

图 2-1　SLM 系统构成图

SLM 系统的主要工作流程如下：

(1) 将待加工零件的三维 CAD 模型(一般为 STL 格式文件)进行切片离散和扫描路径规划，得到可控制激光束扫描的切片轮廓信息。

(2) 由计算机控制振镜偏转，实现激光束在当前层零件二维轮廓内扫描，熔化预置在粉末床上的微细金属粉末，未被激光照射区域的粉末仍呈松散状。

(3) 当一层加工完成后，工作缸下降一个层厚的高度，送粉缸升高(或落粉装置下落定量粉末)，由铺粉刮刀(或铺粉辊)将粉缸的粉末铺到工作缸台面，形成一层新的粉末层。

(4) 软件系统根据下一层切片的零件轮廓信息，控制振镜实现激光扫描熔化。

(5) 重复(2)～(4)的"区域熔化-铺粉-区域熔化"的过程，直至零件加工完成。

在 SLM 加工过程中，成形腔由惰性气体保护，通常还需要由氧传感器检测氧的含量。只有当氧含量低于一定程度时才能加工(不同材料要求不一样，不锈钢、镍合金等不易氧化材料要求低，一般 2000～3000 ppm 即可；如铝合金、钛合金、铜合金等易氧化材料要求更高，一般需要低于 1000 ppm，纯钛要求更高）。另外，SLM 成形过程中粉末材料受到高能束激光的瞬间作用，除了产生较高温度熔化外，还会产生气化蒸发等现象。随着加工时间的延长，成形腔中容易形成金属"烟尘"，降低激光能量密度，落到零件表面会影响其成形质量。为此，还需配备在线气体净化系统，适时过滤掉保护气氛中的"烟尘"，保证气氛的洁净。

2.3 SLM 技术特点

2.3.1 SLM 技术的优点

SLM 技术利用高能束激光直接熔化金属及其合金粉末，可成形近全致密的高性能金属零部件。由于激光光斑直径微小（一般可达数十微米），在成形微细结构方面较电子束熔化(Electron Beam Melting, EBM)、激光工程近净成形(Laser Engineering Near-net Shaping, LENS)等其他金属 3D 打印工艺更具优势。从成形原理、工艺、设备及应用范围等角度综合考虑，SLM 技术的主要优点可归纳为如下几个方面。

1. 成形材料广泛

SLM 采用金属粉末材料，理论上只要将金属制成粉末即可成形。相比较基于金属丝材的 3D 打印工艺其材料柔性更大，更容易制备，其种类也更多。截至目前，成功用于 SLM 技术的金属材料包括多种牌号不锈钢、模具钢、钛合金、镍基高温合金、铝合金以及钴铬、纯钛等生物医用金属材料。

2. 可成形近全致密金属零件

SLM 利用高能束激光熔化微细金属粉末，每道激光扫描线形成宽约 $100~\mu m$、高约 $50~\mu m$ 的熔池道。计算机控制激光束按一定扫描策略填充零件区域，使各道熔池搭接形成致密层。上层扫描激光穿透至下层，重熔下层熔池顶部使上下层熔池形成冶金结合，保证高度方向的致密度。多类型材料 SLM 实验表明，SLM 零件的致密度可高达 99.9%，超过一般铸件水平，与锻件相当。

3. 可成形复杂精细结构

SLM 技术可以制造出非常复杂的结构。例如，美国 GE 公司利用 SLM 技术将原来由 20 多个零部件拼接而成的燃油喷嘴制造成一个零件。利用 SLM 技术甚至还可以制造出免组装结构，如轴承的内外轴套和滚珠可以一次成形，免去单独制造后的拼接组装工序。基于增材制造原理，SLM 技术可以很方便地制造出内部的复杂流道，如模具内部的随形冷却水道、叶片内部异形冷却通道等。另外，还可以利用 SLM 技术制造出拓扑结构可控的点阵多孔结构，在轻量化、散热、多孔吸附等方面具有广泛的应用前景。与此同时，SLM 技术还可以定制个性化的人体骨骼植入体和珠宝首饰。例如 SLM 技术制造的关节修复体，外形与人体组织匹配，内部还可以加工成微孔甚至是梯度微孔结构，降低金属植入体的密度，使其与人体骨骼具有良好的力学匹配性；同时，微孔为细胞再生提供了适宜的微环境，对于修复愈合具有促进作用。SLM 技术制造的珠宝首饰，外观结构随意变化，内部镂空不但使其具有传统工艺难以完成的造型，还有效降低了材料消耗，对于生产厂商来说吸引力非常大。

4. 成形微观组织尺度小，零件力学性能优良

SLM 过程中，微细激光光斑以极快的速度扫描(通常达到 1 m/s)，与粉末作用时间仅有 $10^{-5} \sim 10^{-6}$ 秒。熔池沿激光扫描方向数百微米，宽度和高度仅有 100 微米左右。激光的快速移动导致微尺度熔池以非常快的冷却速度凝固，形成的晶粒来不及长大，一般形成晶间距小于 1 微米的细小柱状晶和胞状晶，晶粒尺度远小于铸造(几十毫米)和锻件(数毫米)的微观组织。细晶将赋予其优良的力学性能，如较高的强度和韧性。研究表明，SLM 成形的大多材料其强度远高于同质铸件水平，与锻件相当，有些材料甚至超过锻件水平。但是，由于 SLM 零件中微孔、裂纹和熔池边界等冶金缺陷，导致 SLM 零件的韧性略低，这一缺陷可以采取适当的调质后处理进行改善。

2.3.2 SLM 技术的缺点

由于成形原理和工艺的影响，SLM 技术也面临一些突出的问题，主要体现在如下几个方面。

1. 冶金缺陷

(1) 球化：SLM 过程中，激光束熔化局部粉末形成微熔池，如果熔池液体与基底间的润湿性差则倾向收缩为球体，即通常说到的"球化"(见图 2 - 2)。球化问题与粉末特性、气氛以及加工参数等因素有关。研究表明，SLM 球化很大程度上与氧化有关，包括粉末材料和气氛中的氧含量。另外，激光能量密度大(如在低扫描速度、高激光功率或小搭接率等条件下)容易导致球化(见图 2 - 3)。这主要是因为激光能量密度大时，熔池液体量更大，易氧化程度高，趋于球化更为明显。因此，为了避免或减小球化问题，应该尽量选择含氧量低的粉末材料，并采用适当的加工参数。

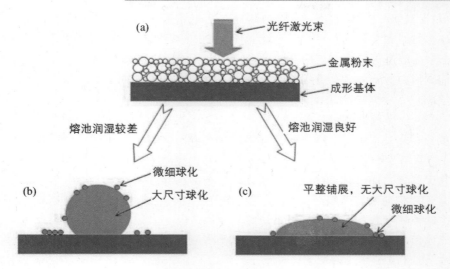

图 2-2 SLM 成形中球化机制示意图

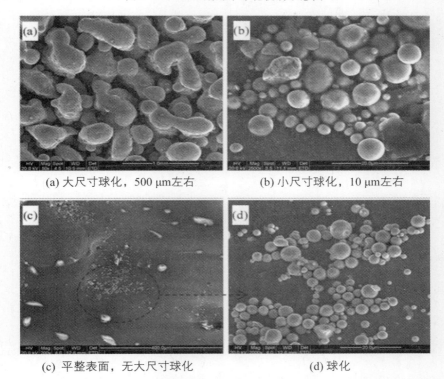

(a) 大尺寸球化，500 μm左右　　　　(b) 小尺寸球化，10 μm左右

(c) 平整表面，无大尺寸球化　　　　(d) 球化

图 2-3 球化现象的微观扫描电镜(SEM)照片

（2）孔隙：SLM 过程中，多道熔池在水平和垂直方向堆积成体。如果 SLM 加工参数设置不合理，则容易引起熔池形貌的不稳定，例如突然变窄、凹陷或凸起。熔池道形貌不稳定可导致搭接不充分，产生微孔或孔隙。另外，激光扫描间距和层厚参数设置不合理也容易引起熔池搭接不充分。微孔和孔隙的存在直接降低了零件的致密度，进而影响零件的力学性能。

（3）应力和微裂纹：SLM 采用的激光能量呈高斯分布，熔池及其热影响区温度分布不均。对于已熔化成形的固体金属部分，受快速移动点激光周期性作用，导致各部位存在较大温差，其热胀冷缩程度不一，最终在零件内部产生非常大的应力。一旦材料的极限强度较低或者生成了脆性相时，零件内部由于应力过大容易生成微裂纹。SLM 过程中产生的应力应变与零件的制造精度和内部缺陷密切相关，是该领域的研究热点。国外学者建立了以粉末层厚为变量的残余应力模拟模型，计算了沉积层和基板内部的应力变化，如图 2-4 所示。结合 SLM 成形参数的变化，对单一沉积层内部的应力演化和不同位置的应力分布进行了预测（见图 2-5）。通过预测优化 SLM 工艺，获得了减少内部应力应变的参数范围。

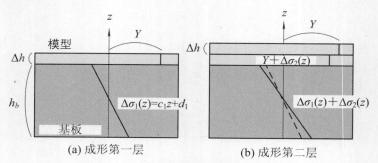

图 2-4　残余应力模拟模型及计算结果

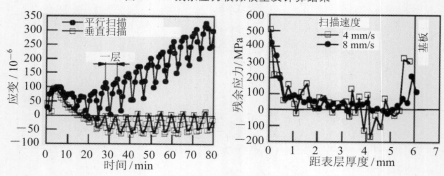

图 2-5　单层沉积层内部的应力变化

德国 EOS 公司对消除 SLM 过程中的零件应力方法进行了深入研究，建立了相应的技术规范。如图 2-6 所示，采用划分区域、规划扫描策略的方式有效控制成形件内部应力，防止零件出现裂纹等内部缺陷。同时针对不同的材料体系，提出采用适当的热处理方式消除成形构件内部的残余应力。

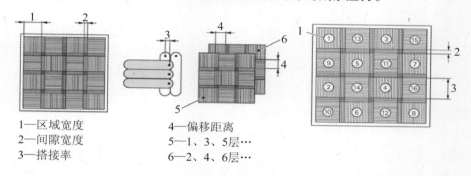

1—区域宽度　　　　4—偏移距离
2—间隙宽度　　　　5—1、3、5层…
3—搭接率　　　　　6—2、4、6层…

图 2-6　通过扫描策略的变化减小热应力

2. 成形速度慢

SLM 的成形速度与激光扫描速度 v、扫描间距 d、粉末层厚 h 密切相关，单位时间内加工的体积 V 可以表示为如下公式：

$$V = v \times d \times h$$

当激光扫描速度为 1 m/s、扫描间距为 0.1 mm、粉末层厚为 0.05 mm 时（该参数在实际应用中相对较大），单位时间内扫描的体积为 5 mm³/s，即 18 cm³/h。SLM 加工一个 10 cm×10 cm×10 cm 的立方体，仅仅激光扫描时间就需要 55.6 小时，还需要算上送铺粉等辅助工序的耗时。通过上述估算可以看出，SLM 加工速度相对较慢。横向对比 SLM 与切屑、电火花等传统加工以及 EBM、LENS 等金属 3D 打印工艺的加工速度，可以看出 SLM 的加工速度还有待提升。但是，受 SLM 工艺原理和条件的限制，其加工速度难以大幅提升，制约因素包括材料因素、激光属性以及加工参数等。具体影响如下：

1）材料因素对 SLM 加工速度的影响

SLM 采用的粉末粒径一般为 20～50 μm。为了保证成形零件的致密性，所用材料的每层加工厚度一般设置为一颗粉末粒径的高度，即 0.02～0.05 mm。如果粉末颗粒太粗，则粉床堆积密度低，会影响 SLM 成形质量。

2）激光属性对 SLM 加工速度的影响

SLM 一般采用单模光纤激光器，产生的高能束激光光斑一般聚焦至数十微米。每道熔池的宽度仅有 100 μm 左右。加工 1 cm 宽至少需要超过 100 道熔池叠加，即 100 次激光扫描才能完成。如果调大激光光斑直径，则激光能量密度显著降低(激光能量密度与光斑直径的平方成反比),影响熔化效果。另外,如果激光功率过高或者激光光斑过大将导致熔池宽度加大,虽然可以在一定程度上提高加工速度,但也大大降低了成形精度和精细度,弱化了SLM工艺固有的技术优势。

3)加工参数对SLM加工速度的影响

直接影响SLM加工速度的加工参数主要是激光扫描速度、粉末层厚和扫描间距。激光扫描速度越高加工速度越快,但单位面积能量密度降低,影响熔化效果。实现激光束扫描的工艺方法大致分为两大类,振镜式(在后面第2.4节详细介绍)和导轨式。振镜系统由两组反射镜片构成,电机驱动镜片偏转,激光束通过镜片反射在工作台面上水平扫描。镜片偏转速度决定激光束的扫描速度。受电机特点和转动结构的影响,振镜最大扫描速度也是有局限的。目前,商用光纤激光振镜最大扫描速度约为1.5~2 m/s,在一定程度上制约了SLM扫描速度的提升空间。导轨式较为传统,利用电机驱动滑块运动,电机和导轨特性直接影响其运动速度:速度过快则系统振动问题突出,严重影响精度。目前商用导轨式系统的最大运动速度约为600 mm/s,低于振镜式系统的扫描速度。

加工层厚越大越利于加工速度的提升。但是层厚加大将导致熔池液体量增加,从而增大了熔池球化的趋势,如图2-7所示。利用一个梯度基板实验研究不同粉末层厚对成形质量的影响。随着粉末层厚的逐渐加大,熔池高度逐渐变大,且不连续现象越来越严重,最终形成若干相互孤立的金属球。另外,粉末层厚加大也影响激光熔化程度,不利于层间的冶金结合。

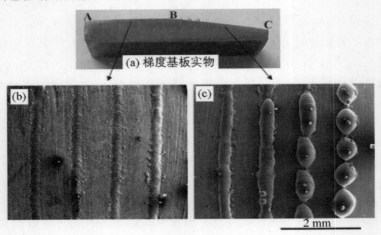

图 2-7 316L不锈钢粉末不同层厚下单扫描线

同样，扫描间距越大越有利于加工速度的提升。但是扫描间距的设置与熔池宽度密切相关。为了保证熔池之间充分的冶金结合，一般相邻两道熔池需要重叠一定的比例，通常称之为"搭接率"，工程上通常取熔池宽度的 1/3。两道熔池宽度中心间的距离即是"扫描间距"。如果扫描间距过大，则熔池直接搭接不充分，严重时将产生微孔，直接降低零件性能。图 2-8 为不同扫描间距下 SLM 零件抛光后的光镜照片。

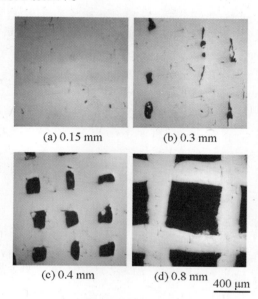

(a) 0.15 mm   (b) 0.3 mm

(c) 0.4 mm   (d) 0.8 mm   400 μm

图 2-8　不同扫描间距下 SLM 零件抛光后的光镜照片(未腐蚀)

3. 加工尺寸较小

如上所述，SLM 加工速度较慢，导致其加工大尺寸零件时间较长，一定程度上限制了 SLM 的加工尺寸范围。除此之外，影响 SLM 加工尺寸的因素还包括气氛系统、铺粉系统和质量稳定性等几个方面。具体影响如下：

1) 气氛系统对 SLM 加工尺寸的影响

SLM 利用高能束在极短时间内熔化金属粉末，熔池最高温度可达几千摄氏度。如果熔池暴露在有氧环境中则会发生氧化反应，纯钛和镁等金属甚至会发生燃烧等激烈氧化行为。一旦金属发生氧化，其生成的氧化物将严重降低熔池液体与基底固体材料之间的润湿性。熔池无法充分铺展，趋于球化，影响成形质量，甚至无法成形。同时，金属氧化也极大地影响和改变了材料的物理化学特性和零件服役性能。为此，SLM 过程中需要严格控制气氛中的氧含量，一般采取真空或惰性气体保护的成形腔。成形尺寸越大则要求成形腔越大，其密封设计与制造越困难，且成形过程中耗损的保护气用量也越多，一定程度上限制了 SLM 的成形尺寸范围。

2）铺粉系统对 SLM 成形尺寸的影响

SLM 中每次扫描前需要利用铺粉装置(有铺粉刮刀、铺粉辊或橡胶、金属和陶瓷刮刀等形式)在工作台面上铺薄薄一层粉末，其厚度(即加工层厚)通常设置为 0.02～0.05 mm。粉末铺放的平整度直接影响成形质量和成形精度。加工尺寸越大，所需的粉床面积也越大。随着粉床面积的增大，其铺粉装置的加工精度要求也越高，其装配与调试难度增大。另外，铺粉装置通常由电机驱动，并通过皮带或丝杠带动在导轨上运动。由于每层粉末的厚度非常小，电机及传动部件的微小振动将极大地影响粉床的平整度，进而影响成形质量。铺粉装置尺寸越大，传动距离越长，振动越难控制，从而限制了大型 SLM 成形件的尺寸。

3）质量稳定性对 SLM 成形尺寸的影响

由于 SLM 成形速度较慢，一个零件需要数小时到数天连续工作。一旦某个环节出现问题，将影响成形质量的稳定性。其一，激光和光路系统的特性并非固定不变。例如，激光能量可能随着时间出现一些波动。光学镜片经激光穿透或反射将产生一定的热积累，出现一定程度的膨胀或变形，从而改变扩束镜、聚焦镜和振镜的工作特性。其二，成形腔的气氛控制较为困难。随着成形时间的推移，材料受激光作用产生大量烟尘弥散在气氛中，影响激光的传播特性。当烟尘散落在已成形零件表面时，将影响下一层的成形性和最终零件的冶金性能。其三，SLM 零件由多道多层熔池叠加而成，所需的时间长、影响因素较多。SLM 成形厚度仅有 0.02～0.05 mm，一个 100 mm 高的零件需要分 2000～5000 层加工。每层包括工作台运动、送粉、铺粉和激光扫描等工序，涉及机械运动、光机电控制、温度控制(如基底预热)、气氛控制(氧监测、气体净化、气流控制等)等关键环节，任何一个环节出现问题或者很小的波动都会影响成形质量。当成形尺寸越大时，上述影响因素越突出，质量稳定性就更难控制。

2.4　SLM 和 SLS 技术的差异性

SLM 的工艺过程、材料形态以及核心元器件组成和设备构成与 SLS 技术非常接近，早期 SLM 技术也被称之为"金属激光选区烧结"。但经过近十年的发展，SLM 技术已发生了很大的改变，与 SLS 技术已是完全不同的两种工艺。下面简要对比 SLM 和 SLS 技术的差异性。

1. 适合的材料体系不同

SLM 技术主要针对金属材料的熔化成形，不但适合铁基、镍基、钴基、钛等金属材料，还适合于传统铸造、锻压甚至机械加工等方法难以加工的高加工硬化率金属、难熔金属、金属间化合物和陶瓷材料等材料的成形。获得的是完全致密的零件，经简单后续处理就能直接使用。而 SLS 技术主要针对尼龙、玻璃填充尼龙、聚碳酸酯、型砂、蜡和部分低熔点金属材料，获得低熔点高分子零件、蜡模/砂型等中间零件以及不完全致密金属零件或用作后续铸造或注射的模具。

2. 设备所采用的激光器和光路不同

SLM 技术采用短波长的 YAG 或高光束质量的光纤激光器及其配套的光学系统。其激光光斑直径小(100 μm 以下)，后续机械加工几乎可以省略，制造的零件最终尺寸精度超过精铸水平。而 SLS 技术采用长波长的 CO_2 激光器和配套的光学系统。其光斑直径较大(数百微米)，获得的成形零件精度略低。两种工艺所采用的激光器类型决定了其光路系统型号，这与两种激光的波长密切相关。不同的光纤器件适应不同波长的激光透射和反射行为。另外，SLM 成形的金属材料对短波长激光的吸收率更高，而 SLS 成形的聚合物和陶瓷等非金属材料则对长波长的激光更易吸收。

3. 铺粉厚度不同

SLM 适合的单层铺粉厚度为 0.02～0.05 mm。在粉床和支撑结构的辅助下，可以制造非常复杂的高精细度零件。SLS 单层铺粉厚度一般为 0.05～0.25 mm，成形零件的精度略低。SLS 零件一般不需要添加辅助支撑结构，利用粉床的支撑作用即可制作复杂结构的零件。SLM 和 SLS 采用不同的铺粉厚度与二者所采用的材料和激光特性密切相关。SLM 通常采用直径为 0.02～0.05 mm 的球形金属粉末，可实现较小层厚的铺粉；由于高分子和陶瓷等非金属材料密度较金属低，如果采用较小粒径的粉末则容易发生团聚，无法保证铺粉的平整度甚至是无法铺粉，因此 SLS 通常采用直径 0.1～0.2 mm 的粉末材料，导致单层铺粉厚度较大。SLM 采用的激光光斑更细，更小的层厚利于提高成形零件的尺寸精度；但 SLS 采用的激光光斑较大，即使采用较小的粉末层厚，也无法提高水平方向加工的成形精度。

4. 成形零件的致密度不同

SLM 激光成形过程属于快速凝固过程，所制造的金属零件组织完全致密，晶粒细小，性能超过铸件，等于或优于锻件。而 SLS 是对非金属材料或混合金属粉末中的低熔点金属进行熔化后，将粉末相互粘结在一起，成形的金属零件致密度较低，其力学性能较差，一般作为铸造或注射模具使用。

2.5 SLM 核心器件及典型商品化设备

2.5.1 核心器件

SLM 设备主要由主机、控制系统、激光器、光路传输系统、软件系统等几个部分组成。下面分别介绍各个组成部分的功能、构成及特点。

1. 主机

SLM 全过程均集中在一台机床中，主机是构成 SLM 设备的最基本部件。从功能上分类，主机又由机架(包括各类支架、底座和外壳等)、成形腔、传动机构、工作缸、粉缸、铺粉机构、气体净化系统(部分 SLM 设备配备)等部分构成。

机架主要起到支撑作用，一般采取型材或板材拼接而成，但由于 SLM 中金属材料重量大，一些承力部分通常采取焊接成形。

成形腔是实现 SLM 成形的空间，在里面需要完成激光逐道逐层熔化和送粉、铺粉等关键步骤。成形腔一般需要设计成密封状态，有些情况下(如成形纯钛等易氧化材料)还需要设计成可抽真空的。

传动机构实现送粉、铺粉和成形件的上下运动，通常采用电机驱动丝杠的传动方式，但为了获得更快的运动速度，铺粉装置也可采用皮带方式。

工作缸、粉缸主要用于储存粉末和成形件，通常设计成方形或圆形缸体，内部设计为可上下运动的水平平台，实现 SLM 过程中的送粉和成形件上下运动功能。

铺粉机构实现 SLM 加工过程中逐层粉末的铺设，通常采用铺粉刮刀、铺粉辊(金属、陶瓷和橡胶等材料)的形式。每层激光扫描前，铺粉机构在传动机构驱动下将送粉缸(或落粉装置)提供的粉末铺送到工作缸平台上。铺粉机构的工作特性(如振动幅度、速度和长期稳定性等)直接影响零件的成形质量。

气体净化系统实时去除成形腔中的烟气，保证成形气氛的清洁度。另外，为了控制氧含量，还需要不断补充保护气体，有些还需要控制环境湿度。

2. 激光器

激光器是为 SLM 设备提供能量的核心功能部件，直接决定 SLM 零件的成形质量。SLM 设备主要采用光纤激光器，光束直径内的能量呈高斯分布。光纤激光器具有工作效率高、使用寿命长和维护成本低等特点。主要工作参数包括：

激光功率：连续激光的功率或者脉冲激光在某一段时间的输出能量，通常以 W 为单位。如果激光器在时间 t(单位 s)内输出能量为 E(单位)，则输出功率 P 为 $P = E/t$。

激光波长：光具有波粒二象性，也就是光既可以看做是一种粒子，也可以看做是一种波。波是具有周期性的，一个波长是一个周期下光波的长度，一般用 λ 表示。

激光光斑：激光光斑是激光器参数，指的是激光器发出激光的光束直径大小。

光束质量：光束质量因子是激光光束质量的评估和控制理论基础，其表示方式为 M^2。其定义为 $M^2 = R \times \theta / R_0 \times \theta_0$，其中：$R$ 为实际光束的束腰半径，R_0 为基模高斯光束的束腰半径，θ 为实际光束的远场发散角，θ_0 为基模高斯光束的远场发散角。光束质量因子为 1 时，具有最好的光束质量。

商品化光纤激光器主要有德国 IPG 和英国 SPI 两家公司的产品，其主要性能如表 2-1 和表 2-2 所示。

表 2-1 SPI 公司 400W 光纤激光器主要参数表

序号	参 数	参 数 范 围
1	型号	SP-400C-W-S6-A-A
2	功率	400 W
3	中心波长	(1070±10) nm
4	出口光斑	(5.0±0.7) mm
5	工作模式	CW/Modulated
6	光束质量	$M^2 < 1.1$
7	调制频率	100 kHz
8	功率稳定性(8 小时)	$<2\%$
9	红光指示	波长 630～680 nm, 1 mW
10	工作电压	200～240(±10%)VAC, 47～63 Hz, 13 A
11	冷却方式	水冷, 冷却量 2500 W

表 2 – 2 IPG 公司 400W 光纤激光器参数表

序号	参　　数	参　数　范　围
1	型号	YLR‐400‐WC‐Y11
2	功率	400 W
3	中心波长	(1070±5) nm
4	出口光斑	(5.0±0.5) mm
5	工作模式	CW/Modulated
6	光束质量	$M^2 < 1.1$
7	调制频率	50 kHz
8	功率稳定性(4 小时)	<3%
9	红光指示	同光路指引
10	工作电压	200～240VAC, 50/60 Hz, 7 A
11	冷却方式	水冷, 冷却量 1100 W

3. 光路传输系统

光路传输系统主要实现激光的扩束、扫描、聚焦和保护等功能, 包括扩束镜、$f-\theta$ 聚焦镜(或三维动态聚焦镜)、振镜、保护镜。各部分组成原理及功能分别说明如下。

扩束镜: 其工作原理类似于逆置的望远镜(见图 2 – 9(a)和图 2 – 9(b)), 起着对入射光束扩大或准直作用。激光束经扩束镜后发散角减小, 提升了光束质量(如能量密度)。光束经过扩束镜后, 直径变为输入直径与扩束倍数的乘积。在选用扩束镜时, 其入射镜片直径应大于输入光束直径, 输出的光束直径应小于与其连接的下一组光路组件的输入直径。例如: 激光器光束直径为 5 mm, 选用的扩束镜输入镜片直径应大于 5 mm, 经扩束镜放大 3 倍后激光束直径变为 15 mm, 后续选用的振镜(扫描系统)其输入直径应大于 15 mm。

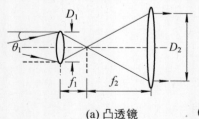

(a) 凸透镜　　　　　(b) 凹凸透镜(输入光斑直径 D_1, 输出光斑直径 D_2, θ_1 入射发散角, f_1, f_2 —焦距)

图 2 – 9 扩束镜光路原理图

振镜扫描系统：SLM 成形致密金属零件要求成形过程中固液界面连续，这就要求扫描间距更为精细。因此，所采用的扫描策略数据越多，数据处理量越大，要求振镜系统的驱动卡对数据的处理能力越强、其反应速度越快。振镜扫描系统的工作原理如图 2-10 所示。入射激光束经过两块镜片(扫描镜 1 和 2)反射，实现激光束在 X、Y 平面内的运动。扫描镜 1 和 2 分别由相应检流计 1 和 2 控制并偏转。检流计 1 驱动扫描镜 1，使激光束沿 Y 轴方向移动。检流计 2 驱动扫描镜 2，使激光束被反射且沿 X 轴方向移动。两片扫描镜的联动，可实现激光束在 XY 平面内复杂曲线运动轨迹。

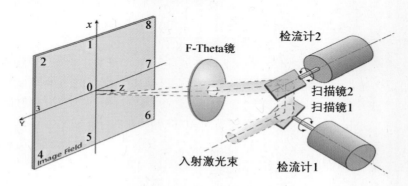

图 2-10　振镜系统工作原理图

由图 2-10 可知振镜系统的像场(扫描场)坐标参考系统的定义。与入射激光束方向的相反方向定义为 Y 轴的正向，与激光出射方向的反向定义为 Z 轴的正向。X 轴正向与 Y、Z 轴正向符合右手定则。采用 16 位数字量表示振镜轴的满幅面偏转，数字量为 0~65 535，从一端极限到另一端极限；一般振镜的偏转角度表示为 ±θ 度，反向偏转 0.374 rad 为反向偏转极限，对应的数字量 1311，正向偏转 0.374 rad 为正向偏转极限，对应的数字量为 64 225。数字量 32 768 为 0~65 535 的中间值，即零位。单个扫描轴的偏转角度比 0.374 rad 要大得多。两个扫描轴配合，考虑相互之间的位置关系以及镜片的大小，可利用的偏转角度有限。与图 2-10 所示最大扫描场(像场)位置对应的输入信号值如表 2-3 所示。

表 2-3　最大扫描场与输入信号值校正表

位置	X 位值(信道 2)	Y 位值(信道 1)
0	32 768	32 768
1	65 535	32 768

位置	X 位值(信道2)	Y 位值(信道1)
2	65 535	65 535
3	32 768	65 535
4	0	65 535
5	0	32 768
6	0	0
7	32 768	0
8	65 535	0

聚焦系统:常用的聚焦系统包括动态聚焦和静态聚焦。动态聚焦是通过马达驱动负透镜沿光轴移动实时补偿聚焦误差(焦点扫描场与工作场之间的误差)。动态聚焦系统由聚焦物镜、负透镜、水冷孔径光阑及空冷模块等组成,其结构如图 2-11a 所示。静态聚焦镜为 $f-\theta$ 镜(见图 2-11(b)),而非一般光学透镜。对于一般光学透镜,当准直激光束经过反射镜和透射镜后聚焦于像场,其理想像高 y 与入射角 θ 的正切成正比,因此以等角速度偏转的入射光在像场内的扫描速度不是常数。为实现等速扫描,使用 $f-\theta$ 镜获得 $y = f \times \theta$ 关系式,即扫描速度与等角速度偏转的入射光成线性变化。

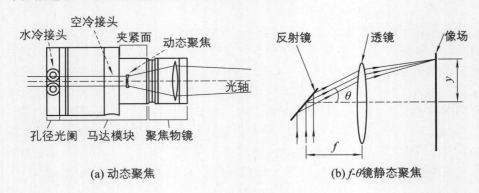

(a) 动态聚焦   (b) $f-\theta$镜静态聚焦

图 2-11 聚焦系统结构示意图

保护镜:起到隔离成形腔与激光器、振镜等光学器件的作用,防止粉尘对光学器件的影响。选择保护镜时要考虑减少特定波长激光能量通过保护镜时的损耗。SLM 设备如果采用光纤激光器,则应用选择透射波长为 1000 nm 左右的保护镜片,同时还应考虑耐温性能。激光穿透镜片会有部分被吸收产生热量,如果 SLM 成形时间较长,其热积累有可能会损坏镜片。

4. 控制系统

SLM 设备属于典型数控系统，成形过程完全由计算机控制。由于主要用于工业应用，通常采用工控机作用主控单元，主要包括电机控制、振镜控制(实际上也是电机驱动)、温度控制、气氛控制等。电机控制通常采用运动控制卡实现；振镜控制是通过配套的控制卡；温度控制采用 A/D(模拟/数字)信号转换单元实现，通过设定温度值和反馈温度值来调节加热系统的电流或电压；气氛控制是根据反馈信号值，对比设定值控制阀门的开关(开关量)即可实现。

5. 软件系统

SLM 需要专用软件系统实现 CAD 模型处理(纠错、切片、路径生成、支撑结构等)、运动控制(电机、振镜等)、温度控制(基底预热)、反馈信号处理(如氧含量、压力等)等功能。商品化 SLM 设备一般都有自带的软件系统，其中有很多商品化 SLM 设备(包括其他类型的增材制造工艺设备)使用比利时 Materialise 公司的 Magics 通用软件系统。该软件能够将不同格式的 CAD 文件转化输出到增材制造设备中，修复优化 3D 模型、分析零件、直接在 STL 模型上做相关的 3D 变更、设计特征和生成报告等，与特定的设备相匹配，可实现设备控制与工艺操作。

2.5.2　商品化 SLM 设备

SLM 设备的生产国主要有德国、英国、法国、美国和日本等发达国家，其中德国是从事 SLM 技术研究最早和最深入的国家。1999 年德国 Fockele 和 Schwarze(F&S)与弗朗霍夫研究所一起研制成功了基于不锈钢粉末世界上第一台 SLM 设备。2004 年，F&S 与原 MCP(现为 MTT 公司)一起发布了第一台商业化 SLM 设备(MCP Realizer 250)，后来升级为 SLM Realizer250。2005年，具有更高成形精度的 SLM Realizer100 研发成功。自从 MCP 发布了 SLM Realizer 设备后，其他设备制造商(如 Trumph，EOS 和 Concept Laser 等)也以不同名称发布了各自的设备，如直接金属烧结(Direct Meltal Laser Sintering，DMLS)设备和激光熔融(Laser Cladding，LC)设备等。

美国 3D Systems 公司是历史最悠久的增材制造设备生产商之一。2001 年该公司兼并了 DTM 公司，继承了 DTM 旗下的 SLM 产品。目前主要提供 sPro 系列 SLM 设备，这些设备分别采用 100 W 和 200 W 光纤激光器和高精度振镜扫描系统。最大成形空间为 $250 \times 250 \times 320 \ mm^3$，粉末层厚为 $0.02 \sim 0.1 \ mm$。

德国 EOS 公司成立于 1989 年。EOS 发布的 DMLS EOSINT M270 是最成熟和应用最广的商品化 SLM 设备。2011 年 EOSINT M280 开始销售，分别采用 200 W 和 400 W 光纤激光器，最小层厚为 0.02 mm。该种 SLM 设备固定了工艺参数，使用公司指定的金属材料，用户无需过多优化即可获得性能稳定的高性能金属零件。例如，利用该设备可在 20 小时内制造出多达 400 颗金属牙冠，而传统工艺中，一位熟练的生产技术人员一天仅能生产 8～10 颗牙冠。

SLM Solutions 公司 2012 年底推出了全球最大的 SLM 设备 SLM500HL。该系统成形体积达到 500(长)×320(宽)×280(高) mm³。系统配置了两台 1000 W 光纤激光器和两台 400W 光纤激光器，成形效率较单激光系统高出很多。此外，SLM solutions 公司也在销售 SLM280HL，SLM125HL 型号设备。该公司与德国义齿公司 BEGO 合作，利用 SLM 制造医用牙科植入体。除此之外，该公司还配备多种材料，且工艺成熟，并配置了材料工艺研发模块，供用户用于新型材料的制造。其中多种材料可同时加工的铺粉系统、自动粉末收集系统和自动监控系统等先进技术的集成，提高了制造的可操作性和智能化程度。

除了 3D systems、EOS 和 SLM Solutions 外，还有其他专业生产 SLM 设备的知名公司。德国 Concept Laser 公司从 2002 年开始生产和销售 LaserCUSIN 型 SLM 设备。分别采用 200 W 和 400 W 的光纤激光器，最大成形尺寸超过了 300 mm。该公司生产的 SLM 设备与 3D systems 和 EOS 公司的产品存在的一个明显区别是以 $X-Y$ 轴移动系统取代振镜，在扩大成形空间方面具有一定的便利性。其安装了实时监测熔池模块，可实时跟踪每秒数千次的扫描，分析成形质量，进而自动调节成形工艺，有效提高成形质量。法国 Phenix 公司生产的 SLM 设备最大的不同之处在于对成形腔预热，并使用更细的粉末材料。上述设计保证成形出更高精度的微细零件，特别是可以直接成形高性能陶瓷零件，在成形精细牙齿方面具有突出技术优势。另外，还包括几家专业生产和销售商品化 SLM 设备的公司，如英国的 MTT 和 Renishaw 公司、德国的 ReaLizer 和日本松浦机械制造所等。

国内从 2004 年起，华中科技大学和华南理工大学两家单位几乎同时开始 SLM 技术与设备的研发工作，起步较国外也仅仅晚 4～5 年而已。华中科技大学的 SLM 设备经产业化公司进行生产销售。华南理工大学主要推出了医学应用的专业型小台面 SLM 设备。两家单位生产的 SLM 设备在技术上与美国 3D Systems 和德国 EOS 公司的同类产品类似，采用 100 W、200 W 和 400 W 光纤激光器和高速振镜扫描系统，设备成形台面均为 250 mm×250 mm，最小层厚可达 0.02 mm，可成形近全致密的金属零件。

目前，欧美和日本已经有不同规格的 SLM 设备在市场上销售，并大量投入到工程应用中，解决了航空航天、核工业、医学等领域的关键技术。经综合对比，对于 SLM 设备的研制，国内与国外有一定差距。国内外有关 SLM 设备的主要参数对比如表2-4所示。

表2-4 国内外商业化SLM设备对比

	单位	型号	时间	成形尺寸/mm³	激光器	切片厚度/μm	成形效率	材料
国外	CONCEPT-LASER(德国)	M1 CUSING	2006年	250×250×250	200 W 光纤激光器	20~80	2~10 cm³/h	不锈钢、工具钢、钛合金、镍基合金、铝合金
		M2 CUSING	2008年	250×250×280	200~400 W 光纤激光器	20~50	2~20 cm³/h	
		M3 liner	2010年	300×350×300	200~400 W 光纤激光器	20~80	2~20 cm³/h	
	MTT/Renishaw(英国)	SLM250	2008年	250×250×300	200~400 W 光纤激光器	20~100	5~20 cm³/h	不锈钢、工具钢、钴铬合金、镍基合金、钛合金、铝合金等
		SLM125	2009年	125×125×125	100~200 W 光纤激光器	20~100	5~20 cm³/h	
		SLM500	研发中	500×500×500	—			
	EOS(德国)	EOSINT M270	2008年	250×250×215	200 W 光纤激光器	20~60	2~20 mm³/s	不锈钢、工具钢、钴铬合金、镍基合金、钛合金、铝合金等
		EOSINT M280	2011年	250×250×325	200~400 W 光纤激光器	20~80	2~40 mm³/s	
国内	(华中科技大学、武汉新瑞达激光工程有限公司)	NRD-SLM-I	2006年	80×80×70	200 W 光纤激光器	20~50	2~20 mm³/s	不锈钢、工具钢、钴铬合金、镍基合金、钛合金、铝合金、镁合金等
	(华中科技大学、武汉新瑞达激光工程有限公司)	NRD-SLM-II	2011年	320×250×250	200~400 W 光纤激光器	20~80	2~40 mm³/s	

2.6 SLM 技术的典型应用

由于 SLM 技术能解决传统加工技术难以克服的复杂结构加工难题，在航空航天、生物医疗和模具等领域个性化、复杂和整体结构制造方面有广阔的应用前景，典型案例按领域分类描述如下。

1. 航空航天领域

国外相关部门通过投入大量经费开展相关的研究，极大地推动了该技术的工业化进程。美国著名火箭发动机制造公司 Pratt & Whitely Rocketdyne 以 SLM 技术为基础，对火箭发动机及飞行器中的关键构件现有制造技术重新进行全面评估。美国 F-35 先进战机广泛采用 SLM 成形复杂功能整体构件，使机械加工量减少 90% 以上，研发成本降低近 60%。美国通用电气公司(GE)和英国 Rolls-Royce 公司也非常重视 SLM 技术，并用其完成了高温合金整体涡轮盘、发动机燃烧室和喷气涡流器等关键零部件的制造，如图 2-12 所示。

超冷空心叶片、TiAl叶片　　　　　火焰筒外壁　　　涡旋式喷嘴
　　　　　　　　　　　　　　　　　（高温合金）　　　（钛合金）

图 2-12 国外采用 SLM 技术成形的航空航天典型结构件

减轻结构重量是航空航天器最重要的技术需求，传统制造技术已经接近极限，而高性能增材制造技术则可以在获得同样性能或更高性能的前提下，通过最优化的结构设计来显著减轻金属结构件的重量。根据 EADS 介绍，飞机每减重 1kg，每年就可以节省 3000 美元的燃料费用。图 2-13 为 EADS 公司利用 SLM 技术为空客加工的结构优化后的机翼支架，比使用铸造的支架减重约 40%，而且应力分布更加均匀。

"制造改变设计"将成为可能，增材制造技术将必然带来对 CAD 模型新的设计要求，使设计方面产生革命性的变化。新型航空航天器中常需制造出复杂内流道结构，以便于更理想的温度控制、更优化的力学结构，避免危险的共振效应、使同一零件的不同部位承受不同的应力状态。增材制造区别于传统的机械加工手段在于其几乎不受限于零件的形状，且可以获得最合理的应力分布结构，通过最合理的复杂内流道结构实现最理想的温度控制，通过不同材料复合实现同一零件不同部位的功能需求等。图 2 - 14 为通用航空公司利用 SLM 制造的内置复杂流道航空发动机叶片。

图 2 - 13 激光 3D 打印（左前）及铸造的（右后）空客机翼支架

图 2 - 14 内置流道的航空发动机叶片

2. 生物医疗领域

在 SLM 工艺的所有应用领域里面，医学是对个性化要求最高的一个，其不适合大批量生产。SLM 工艺具有数字化、网络化、个性化、定制化等特点，因此被广泛地应用于直接制造器官修复和替代零部件。

华中科技大学为一位老人定做的义齿修复体，如图 2 - 15 所示。其上腭右侧两颗牙齿坏死而需要佩带人工义齿以达到恢复咀嚼功能的目的。传统制造工艺：医生取模—制模—蜡型—包埋—铸造—打磨—车金—上瓷。从蜡型到铸造过程需要大量技术熟练的义齿技工才能完成，一般需要一周以上的时间，周期较长。而使用 SLM 工艺：医生取模—制模—扫描并设计—SLM 制造—打磨—上瓷。医生制模后，将模型数据远程发送给华中科技大学，对数据进行简单处理后花约 1～2 小时即可制作完成，患者第二天即可手术装上新牙。利用 SLM 制造义齿的金属基冠全部由设备自动完成，无需熟练技工，也为患者医治节省了大量时间。华南理工大学和合作伙伴开发了一种针对不同患者牙齿解剖形态特点而设计和制造的个性化托槽。托槽的底板、槽沟等都依据患者牙齿的个性化形态而设计，托槽底板与牙面完全吻合，易于定位，可以直接粘接，减少椅旁时间，降低患者的口腔异物感，并且可以实现轻力矫正的效果(见图2-16)。

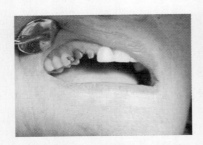
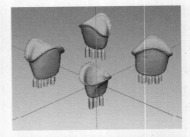

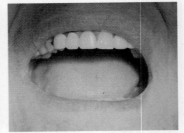

图2-15　SLM"打印"义齿修复体

(a) 乐冠牙桥试装

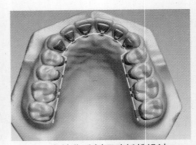
(b) 个性化舌侧正畸托槽设计

(c) 个性化舌侧正畸托槽SLM制造

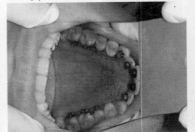
(d) 个性化舌侧正畸托槽临床应用

图2-16　SLM制造个性化义齿和个性化舌侧正畸托槽(华南理工大学)

3. 珠宝首饰领域

随着生活水平的提高和社会的进步，人们对个性化饰品的要求越来越高。激光选区熔化工艺是一种"增材制造"，适合加工形状复杂的零件，相对于传统的"减材制造"方法，激光选区熔化工艺不仅可以节约材料，而且节能环保，满足大众的个性化需求。国外 MCP 公司采用激光选区熔化技术直接成型了具有中空和晶格结构的 18K 的黄金戒指，精美无比，深受国内外妇女的喜爱。如图 2-17 所示。

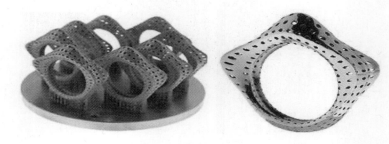

图 2-17　MCP 公司 SLM 技术制造的个性化黄金戒指

4. 工业产品领域

现代的汽车由约 3 万个部件组成，传统方法是分别加工出各个零件，然后通过螺丝或者焊接等方法，将所有零件组装成一辆汽车。从理论上讲，零件越多越不安全。日常生活中，一辆汽车最容易出现问题的地方往往是连接部位。SLM 技术可以将原来难以整体加工的多个零部件集合成一个整体制造出来，减少零部件数量。这样不但大大简化了装配工作的程序，提高生产效率，也使其安全性和可靠性随之提高。图 2-18 是 SLM 工艺生产的汽车部件。

(a) 钛合金连接部件(MCP公司)　　　　(b) 车轮悬架部件(EOS公司)

图 2-18　SLM 制造的汽车零部件

随着人们生活水平的提高，人们对现代化的家用电器的需求越来越高，家电行业的生产周期越来越短，更新换代越来越快。德国 EOS 公司采用 SLM 技术成型具有复杂结构的空调用热交换器，该热交换器的材料是铝合金，采用自支撑结构，将散热片整合在交换器表面，而紊流器内置在冷却管道中，能够很好地扰动冷却气流，达到高效换热的效果。如图 2-19 所示。

图 2-19　SLM 制造的复杂家用空调换热器（EOS 公司）

5. 模具领域

　　EOS、MCP、Concept Laser、PHENIX 和 MTT 等公司利用 SLM 快速成形设备成功制造出冲模、压铸模、注塑模、医用植入物、单件金属或者陶瓷等系列零件，零件的表面光洁度和加工精度很高，不需要后续机械加工就可以直接应用，如图 2-20 所示。

图 2-20　国外采用 SLM 技术成形的多种金属零件

第3章 SLM 3D 打印材料与研究概述

3.1 SLM 3D 打印技术所用材料的发展概况

SLM 技术所用金属粉末材料的选取十分广泛，理论上讲，凡能够被激光加热后形成原子间黏结的粉末材料都可以作为其成形材料，包括金属、合金、陶瓷和金属基复合材料等。但是，陶瓷由于韧性差，在 SLM 过程中极易形成裂纹，目前尚不能作为其成形材料。据文献报道，目前 SLM 已经成功用于铝、铜、铁、不锈钢、工具钢、钴、镍基合金、钛及钛合金以及若干复合材料。按材料形态又分为单质金属粉末、预合金粉末以及混合材料粉末。其中单质金属粉末包括钛、铜、金、钽等；预合金粉末包括铁基 316L 不锈钢、304L 不锈钢、904L、H13、18Ni-300、17-4H 等，钛基 TC20、TC4、Ti2448 等，镍基-Inconel625、Inconel718，钴基 Co-29Cr-6Mo、F75Co-Cr，铝基-AlSi10Mg、Al-12Si 等，以及铜、镁和钨等合金材料；混合材料粉末包括多组分合金粉末、金属基复合材料如 Ti C/Ti-Al、WC/Ni、TiN/Ti5Si3 等。

1. SLM 技术所用材料的研究现状

现有研究大多关注 SLM 成形已有材料的工艺与性能，对于 SLM 专用材料的研究还非常少。德国学者利用 MCP 公司的 SLM 设备加工了不锈钢复杂薄壁金属结构，壁厚 $80~\mu m$，相邻两金属薄壁的间距 $220~\mu m$。汉诺威(Hannover)激光中心对不同粒度的材料进行了 SLM 试验，包括镍、铜、铝青铜等合金。法国学者利用 CW Yb 光纤激光器对 316L、904L、H13、CuNi10 和 Inconel625 进行了 SLM 单道实验，研究了工艺参数，如扫描速度和激光功率与单道形貌之间的关系。结果表明，扫描速度过低，则轨道不连续也不稳定；扫描速度过高则会引起球化现象。激光功率越高，材料的导热系数越小，最佳扫描速度范围越大。波兰弗罗茨瓦夫技术大学的先进制造技术中心分别对 316L、H13、Ti-6Al-7Nb 进行了 SLM 成形，发现致密度与微裂纹和成形稳定性息息相关。英国利兹大学学者对不锈钢和工具钢合金粉末(M2、H13、316L 和 314S-HC)进行了

SLM 成形研究，分析了扫描速度、激光功率和扫描间距对零件性能的影响。利物浦大学利用 MCP Realizer SLM 设备成型了不锈钢(309L，316L)、工具钢、铝合金和钛合金，金属颗粒大小为 $20\sim50\ \mu m$，制件精度可达 $\pm0.1\ mm$。诺丁汉大学研究了 SLM 成形 316L、AlSi10Mg 和 Ti-6Al-4V 过程中的飞溅问题，发现飞溅可形成小球且直径比预合金粉末还大。日本学者利用脉冲式 Nd:YAG 激光器对铝粉、铜粉、铁粉、316L 不锈钢粉、铬粉、钛粉和镍基合金粉末进行了 SLM 实验研究，发现铁粉、钛粉和镍基合金粉末容易成形。

国内华中科技大学利用自己研制的 SLM 设备在气体保护或真空环境下对铁粉、不锈钢粉末以及钛合金、镍合金、钴铬合金粉末等进行了 SLM 实验研究。SLM 制造的个性化钴铬合金义齿获临床应用，由于其具有内部随形水道的注塑模具而获得行业的应用评价。华南理工大学利用 SLM 制造了钛合金人体骨骼修复体，获得临床应用。北京工业大学对铁粉、镍基合金粉末等进行了 SLM 实验研究，并尝试 SLM 成形功能梯度材料。

2. SLM 材料发展面临的问题

目前，SLM 工艺所用的材料面临着很多的问题，主要有以下几个方面：

1) 材料种类少、问题多

目前适用于 SLM 的金属材料只有 10 余种，而且只有专用的金属粉末材料才能满足打印需要。原因主要包括：第一，SLM 工艺对材料要求高、制粉工艺难，例如高球形度、严格的粉末粒径级配、低氧含量等；第二，SLM 对于一些材料打印工艺稳定性不足，如易氧化、反射率高、脆性等特性材料；第三，市场需求驱动力不足，目前 SLM 工艺虽然已有成熟应用，但应用领域还十分有限，仅局限于航空航天、生物医疗以及模具等高附加值的产品打印。

2) 价格高、研发难度大

根据不同的用途，SLM 工艺对所用金属材料有不同要求，但都必须具有强度高、耐腐蚀、耐高温等特性。当用于 SLM 工艺时，除了对金属材料本身的性能要求外，在物理和化学形态方面还会有额外的要求，如球形度、氧含量等，以能满足 SLM 长时间连续稳定的工作。在一些特殊领域 SLM 对材料要求就更高，如医学领域要做到无毒无害还要具备生物相容性。因此，对适合 SLM 工艺和应用要求的金属粉末在原材料质量和粉末制备技术上都提出了高标准，这无异加大了材料的成本。

3) 信息不对称、市场认可度低

企业普遍担心进口的国外机器比较贵，但又对国产材料的技术含量和水平不够信任，怕用国产材料损坏机器，这是由于信息结构不对称造成的。目前国产高端材料在一定的领域已经取得了相当的成绩，比如，钛合金和 M100 钢的

3D打印技术已被广泛用于歼-15的主承力部分，包括整个前起落架的生产。

4）材料标准化及系列化规范的制定

SLM对粉末材料的粒度分布、松装密度、氧含量、流动性等性能要求很高。但目前还没有形成一个行业性的标准，因此，前期在材料特性的选择上要花很长的时间。

3. SLM材料的发展方向

目前，有大量研究人员和企业针对SLM技术特点设计专用合金成分。在粉末粒度、热物理性能、激光熔化机理等方面进行深入研究，以期研发出更易于加工且加工性能优良的粉末材料。通过多尺度数学建模、计算机仿真等数字化新技术，辅助新材料得到快速研发。从单一金属/合金向多材料复合及具有可设计的结构、功能一体化的新型材料方向发展。SLM技术解决了复杂零件的成形问题，但还面临着工程应用时的材料性能问题。除了满足SLM成形以外，还要求具备高强度、高硬度、抗疲劳、防腐、耐温等特殊性能。由于SLM工艺有别于传统加工，因此对新材料研发和制备提出了新要求。另一方面则是改善SLM设备，提高设备的稳定性、加工精度，以制造出组织均匀、性能良好的零件。工艺与材料是互相促进互相发展的过程。美国3D打印国家发展技术路线图中提出了设备研发和材料研制专题，两者并行。随着SLM设备的日益发展，SLM材料必将不断发展和完善。

3.2 SLM 3D打印常用金属粉末材料种类及特性

目前，国内外研究的SLM金属粉末主要包括不锈钢、工具钢、铝及铝合金、钛及钛合金、铜、铁、镍基合金等，下面分别介绍其特点。

3.2.1 纯金属粉末

目前，SLM成形纯金属包括纯钛、Cu、Au和Ta等，其特性如表3-1所示。

与合金材料相比，纯金属并不是SLM技术的主要材料。究其原因主要有两个方面：第一，一般纯金属自身的机械性能较其合金差，其应用范围和适应条件有限；第二，SLM要求金属粉末粒径非常细小，雾化法加工纯金属粉末更困难。

表 3 – 1   SLM 成形纯金属材料特性

分类	物理化学性质	成形性能	典型结构	应用
Ti	熔点高、耐高温、导电性差，热导率和线膨胀系数均较低，无磁性，比强度大，生物相容性好	致密度可达 98%；抗拉强度为 300 MPa、扭转疲劳强度为 100 MPa（类似于锻态钛件）、显微硬度可高达 1000 HV	针状马氏体	生物植入体
Cu	导电性好、热导率高、反射率高、耐蚀性好、化学性质不太活泼	加工难点：热导率高、反射率高		发电机、电缆等电工器材和热交换器、平板集热器等导热器材、大功率电子元件
Au	贵金属，密度大，易锻造、易延展、优异的稳定性，良好的导电导热性能	易团聚、对红光反射高；孔隙率最低为 12.5%；显微硬度和弹性模量分别为 29.3HV 和 72.5 GPa（标准为 25HV 和 77.2 GPa）。		首饰、电子工业
Ta	硬度高、延展性好，具有高密度、高熔点、线膨胀系数小、良好的耐腐蚀性和生物相容性	屈服强度表现出各向异性	长柱状晶	航天器的防热罩、生物植入材料

3.2.2　合金粉末

目前，已有较多种类的合金粉末用于 SLM 成形，主要包括钢（铁基材料）、钛合金、镍合金、钴合金、铝合金、铜合金等。其中，一些材料已经进入实际应用的成熟阶段。

铁基合金在工程应用中使用范围广，材料来源广泛、价格便宜，也成为 SLM 技术研究较早和较为深入的一类合金材料。同时，其粉末材料易于制备、流动性好以及抗氧化能力强，属于 SLM 工艺中易于成形的材料之一。目前，SLM 成形的铁基合金材料主要有 316L 不锈钢、304L 不锈钢、904L 不锈钢、

H13 工具钢、S136 模具钢、M2 模具钢、18Ni－300 钢以及 17－4PH 钢等。SLM 成形的铁基合金零件致密度可达 99.9%，无需二次熔浸、烧结或热等静压（Hot Isostatic Pressing，HIP）。SLM 成形的不锈钢零件其强度高于同质铸件，综合力学性能与锻件相当；SLM 成形的模具钢的硬度和强度接近锻件水平，可用于一般塑料模具，但 SLM 成形的热作钢还未见应用报道。

钛合金因其具有低密度、高强度以及优良的生物相容性，在航空航天和生物医学领域被广泛应用，也是目前 SLM 技术最常用的一类材料。但是，钛合金在高温下容易氧化，严重影响其性能。因此，在 SLM 成形钛合金时需要严格控制成形气氛，对设备和工艺提出了更高要求。目前，SLM 成形的钛合金种类主要有 Ti6Al4V 合金（TC4）、Ti－6Al－7Nb 合金、Ti2448（Ti－24Nb－4Zr－8Sn）合金等。

镍合金由于具有良好的耐高温、耐腐蚀性能，在航空发动机、燃气涡轮机、石油管道等关键零部件中得到广泛应用，也是目前 SLM 技术研究的热点材料之一。虽然 SLM 过程中镍合金不易氧化，但面临微裂纹甚至宏观开裂的问题。目前，SLM 成形的镍合金主要是 Inconel625 合金和 Inconel718 合金，且已有成熟应用。

钴合金因具有良好的生物相容性，同时具有耐疲劳性好、抗腐烛性强以及综合力学性能高的特点，在口腔修复体和人工关节制造方面被广泛使用。然而，由于钴合金熔点高、硬度高、延性低，使用传统切屑和模具加工很困难。利用雾化法制备钴合金粉末较容易，粉末抗氧化能力强，是 SLM 工艺较易成形的材料之一，近年来，SLM 成形的钴合金外科植入体、牙齿修复体等已开始在临床应用，包括 Co－29Cr－6Mo 合金、F75Co－Cr 合金等。

铝合金因其密度小、导热性好，在散热和轻量化结构制造领域应用广泛，也成为近年来 SLM 技术的热点材料之一。但是，目前 SLM 成形铝合金仍存在一些难点：其一，SLM 过程中材料对激光的反射率高，加上铝合金导热性强，导致 SLM 成形铝合金往往需要更高的激光功率；其二，铝合金较其他金属密度低，导致粉末流动性差，不容易铺展较薄的粉层，降低了 SLM 的成形质量，如微细节精度、平整度等；其三，铝合金氧化活性高，由于其粉末表面的氧化膜和 SLM 成型腔中的残余氧气，生成的氧化物降低了熔池液体的润湿性，容易形成"球化"、裂纹和孔隙等缺陷。目前，SLM 成形的铝合金主要是焊接和铸造用 Al－Si 系合金，如 6061、AlSi10Mg、AlSi12 等。其中对 AlSi12 和 AlSi10Mg 这两种材料的 SLM 成形研究较多。另外，Al－Cu、Al－Zn 及含稀土类高强铝合金用于 SLM 技术也逐渐成为研究热点。

铜合金具有良好的导热、导电和耐磨性能，在电子、机械、航空航天等领域具有广泛的应用。然而，铜具有比铝更高的激光反射率和导热性，且同样容易氧化，所以 SLM 成形铜合金十分困难，往往需要超过 500 W 的激光功率。目前，SLM 成形铜合金的报道较少，也没有成熟的 SLM 用铜合金粉末材料。

综上所述，SLM 成形的合金材料总结如表 3 - 2 所示。

表 3 - 2 SLM 成形合金材料特性

分类	类别	物理化学性质	成形性能	应用
钢类	316L 不锈钢	良好的耐腐蚀性、良好的焊接性、高温强度好	致密度最高可达 99.62%；拉伸强度 636 MPa、显微硬度 250～285(高于铸件)；延伸率 15%～20%(有所降低)；等轴晶、柱状晶组成，晶粒生长呈多方向性	海洋、生物植入体
	304L 不锈钢	良好的耐腐蚀性、耐热性、可焊性	屈服强度 180 Mpa，极限抗拉强度 393 MPa(约为标准 70%)；表面硬度为 190HV；连续的奥氏体相，且晶界处无碳化物析出	建材、家庭用具、医疗器具
	904L 不锈钢	良好的耐腐蚀性	成功地制得内壁为 140 μm 的 20 mm ×20 mm × 5 mm 的盒子	海洋
	H13 工具钢	耐磨性好，良好的耐热性，优良的综合力学性能、较高抗回火稳定性	最大密度 6.47 g/cm³(约为理论密度 84%)	模具
	S136 模具钢	优良的耐腐蚀性、耐磨性和机加工性	致密度达 99.5%、硬度达 45HRC；晶粒细小同时沿多个方向生长	电子零件、刀具
	M2 高速 工具钢	硬度和耐磨性好、韧性高	最大致密度为 88.2%，显微硬度为 560～1020HV$_{0.05}$	刀具
	18Ni - 300 模具钢	马氏体时效钢；高强度、优良的韧性	得到几乎全致密制件；力学性能与传统方法生产的马氏体时效 300 钢相当	模具

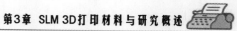

续表一

分类	类别	物理化学性质	成形性能	应用
钛合金	TC4	优异的机械性能、耐腐蚀性生物相容性	致密度接近 100%；拉伸强度高于热加工件，延展性却降低了，生物相容性和耐蚀性优于铸轧件；hcp 马氏体结构	航空航天和医学植入体
	TC20	优异的机械性能、耐腐蚀性和生物相容性	较高的拉伸强度和抗压强度，较低的延展性各向异性；第二相（如 γ β - AlNbTi2）析出硬化的 α′ 马氏体	医疗植入体
	Ti2448	模量低 42～55 GPa，强度为 800～1200 MPa，可塑性高	致密度大于 99%；弹性模量 53 ± 1 GPa、康来强度 563 ± 18 MPa、延伸率 13.8±4.1%	医疗植入体
镍合金	Incone 1625	优良的耐腐蚀和抗氧化性，常温和高温下均表现出优良的拉伸和抗疲劳特性	抗拉强度（水平 1030 ± 50 MPa，垂直 1070±60 MPa）大于锻件标准，屈服强度（水平 800±20 MPa，垂直 720±30 MPa）和弹性模量（水平 204.24 ± −4.12 MPa，垂直 140.66±8.67 MPa）与锻件相当，但是由于热应力引起裂纹等缺陷，延伸率（8～10%）大大低于锻件；Nb，Mo 元素的局部偏析，形成（γ + Laves）共晶凝固	航空发动机、燃气涡轮机中的高性能组件的设计
	Incone 1718	耐高温腐蚀性、耐疲劳性、耐磨损性和良好的焊接性能	显微硬度高达 395.8 HV0.2；摩擦系数和磨损率较低，分别为 0.36 和 4.64×10⁻⁴ mm³/Nm；柱状晶，体心四方 γ 相（Ni3Nb）呈扁椭球形沉淀排列	

分类	类别	物理化学性质	成形性能	应用
钴合金	Co-29Cr-6Mo	良好的耐腐蚀性和机械性能	屈服强度、抗拉强度和延伸率均比铸件要高；耐腐蚀性更好，在生物液体中释放的金属量更少；细小胞状结构，胞晶边界充满了 Mo	牙齿修复体
	F75Co-Cr	良好的机械性能和耐腐蚀耐磨损性	成功制出牙齿，并证明了良好生物相容性	植入物和医疗器械
铝合金	ZL104	具有良好的可焊性，淬透性和高热导率以及良好的耐蚀性	致密度可以达到近100%；其耐疲劳性要优于标准；显微硬度150HV0.025，抗拉强度335 MPa（水平），280 MPa（垂直）；0.2%屈服强度250 MPa。力学性能与铸件相比，有些甚至于超过了铸件	航空航天铝合金零件
	ZL102	耐磨、耐侵蚀性好，热膨胀系数低，比强度高	致密度大于97%；屈服强度和抗拉强度：260 MPa 和 380 MPa，断裂应变仅3%，比铸件9.5%低；耐磨损性和耐腐蚀性比铸件好；极细小的胞状结构和胞状晶间自由分布的 Si 相	汽车零部件
铜合金	Cu-10Sn	良好的导热、导电性能，较好的耐磨性能	较高的反射率，加上容易被氧化，成形过程中润湿性较差，激光很难连续熔化铜合金粉末，致密度最高可达95%；屈服强度和抗拉强度从铸件的 120 MPa 和 180 MPa 提高到 220 MPa 和 420 MPa，延伸率从7%增长到17%；微观结构为等轴晶和枝状晶的组合	电子、机械、航空航天

3.3 SLM 所用材料的制备工艺及产品特点

SLM 所用材料的制备工艺主要包括气液雾化、离心雾化、等离子旋转电极法、化学方法、机械合金化和挤压等，其优缺点对比如表 3-3 所示。

表 3-3 粉末制备方法优缺点对比

制备方法	优 点	缺 点	适用范围
气液雾化	球形度高，粒度可控，氧含量低，成本低	夹气机制导致空心颗粒	大量金属或者合金
离心雾化	球形度高，粒度可控，氧含量低，成本低	引起飞溅，降低球形度，超细粉末较难制备，成本提高	对孔隙度要求高的金属合金粉末
等离子旋转电极法	球形度高，粒度可控，氧含量低，成本低	超细粉末不易制取，每批次的材料利用率不高	对孔隙度要求高的金属合金粉末
化学方法	粉末化学成分纯度高	无球形粉末，粒度不可控，污染大，成本高	特殊小批量且纯度高的粉末
机械合金化	制备纳米金属合金，纳米金属陶瓷	效率低，成本昂贵	特殊金属合金及金属陶瓷
挤压	制备金属陶瓷，粒度可控，成本低	无球形粉末，陶瓷和金属成分分布不均匀，金属陶瓷的含量比率控制较难	大批量金属陶瓷

用于 SLM 的金属粉末通常采用雾化工艺来制作。雾化最简单的形式是在池子中熔化金属或在疏散和受保护的环境中直接熔融金属条或金属线。熔融的金属在下落时通过垂直腔，凝固形成球面。依靠等离子体炬或感应加热提供液化金属线所需的能量。不同的系统通过注入气体或修改熔化区域、或喷嘴实现更多的球面形状，使得颗粒直径更小或更均匀。

粉末质量对 SLM 成形质量至关重要。若粉末的质量不符合规格，增材制造零件将发生缺陷。一般来说粉末不符合规格有如下三种情况：

(1) 不密集。

(2) 有卫星球。

(3) 与周围颗粒有弱结合。

当凝固时有气体困在里面，雾化过程会产生多孔颗粒。在构建中，截留气体可能没有时间在重新凝固之前逸出。与此同时，小液滴可以在飞行过程中形成较大的颗粒，形成卫星球。通常情况下，卫星球可在筛分或分类过程中被分离出来。卫星球影响流动性和面密度。弱结合是一种很少出现的缺陷，与工艺密切相关。

3.4 外科医疗 SLM 3D 打印金属材料的种类及应用

金属生物医用材料具有良好的机械强度和抗疲劳性能，主要作为承力植入材料用来修复骨骼、关节、牙齿等硬组织。由于人体对异物非常敏感，植入材料除了要达到良好的修复和治疗目的外，还必须保证对人体安全无害，符合"医用级"标准。为此，金属医用材料一般要求具备生物相容性、耐腐蚀性和相匹配的力学性能。目前，满足以上性能要求的金属材料主要包括以下几类。

(1) 纯金属，如纯钛、贵金属(金、银等)、钽、稀土金属；

(2) 不锈钢材料，如 304、304L、316、316L、无镍奥氏体不锈钢等；

(3) 钴合金(通常指钴铬合金)，如 CoCrMo、CoNiCrMo 合金等；

(4) 钛镍合金，也称记忆合金；

(5) 钛合金，如 Ti6Al4V 等；

(6) 其他合金，如镁合金等。

临床上普遍使用的 SLM 金属材料主要是不锈钢(如 316L 不锈钢)、钴铬合金(如 CoCrMo 合金)和钛合金(如 Ti6Al4V)。

1. 不锈钢

医用不锈钢材料是最早应用植入体的合金之一，主要以奥氏体不锈钢 316、316L 为主。目前，国内外众多学者对不锈钢 SLM 成形进行了大量研究。国内的华中科技大学和华南理工大学利用 SLM 制作了形状和性能可控的不锈钢制件；南京航空航天大学用 SLM 制作了蜂窝状多孔 316L 不锈钢结构。国外如比利时等国的研究机构也开展了 SLM 成形不锈钢的研究。但是，SLM 成形不锈钢与医学的结合还主要限于体外手术导板等应用，体内植入体应用的报道还较少。

2. 钴合金

医用钴合金具有高强度和良好的耐蚀性及耐磨性。目前，已有研究探索 SLM 成形的钴合金用于牙科修复。研究表面，SLM 成形 CoCr 合金的金瓷结合强度与铸造工艺相比无明显差异。采用 SLM 技术制作的钴铬合金基底冠、全冠以及桥体在精度上符合医用标准。国内的华中科技大学利用 SLM 制作的个性化牙冠获得临床应用。国外如德国 EOS 等商用 SLM 装备则提供配套的医用级钴合金粉末材料和成熟的加工工艺。

3. 钛合金

钛合金具有优良的生物相容性和耐蚀性，且密度低，成为医学领域最受欢迎的金属植入体材料之一。国内外开展了大量 SLM 成形 Ti6Al4V 合金的研究，并探索其用于人体承重骨植入体和关节修复体。为了使钛合金具备更优的生物修复特性，利用 SLM 的工艺特点可将其植入体制作成多孔结构，这样既保证了它具有与人体天然骨骼相仿的力学性能，其内部的微孔又为细胞寄生提供了适宜的微环境，极大地促进其愈合速度。目前，SLM 成形的钛合金骨骼修复体已开始了动物试验和临床评测，但大范围的应用还有待进一步的研究。

4. 复合材料

金属材料具有高强度，但其成分与天然骨骼有别，特别是作为植入体使用时多少会有不利影响。为此，有学者利用 SLM 技术在线制备金属与骨骼类似材料（如羟基磷灰石等）的复合材料。金属具有良好的力学性能，而添加成分则能有效地促进复合材料与天然骨骼或人体组织的有机结合。例如，利用 SLM 技术成形 316L 不锈钢和羟基磷灰石复合材料，通过改变材料配比可以实现力学性能的灵活调控，而羟基磷灰石则可改善不锈钢的生物相容性。

综上所述，目前应用于 SLM 技术的主要金属生物医用材料特性如表 3-4 所示。

表 3-4　SLM 成形生物医用材料特性

种类	主要材料	SLM 成形性能	应　　用
不锈钢	316/316L	形状和性能可控；成功制备出蜂窝状多孔结构	主要限于体外手术导板等，体内植入体少
钴合金	CoCr 合金	强度与铸件相当；抗拉强度与成型方向有关	钴铬合金基底冠、全冠以及桥体在精度上符合医用标准
钛合金	Ti6Al4V	致密度约为 100%；成功制备出多孔结构	人体承重骨植入体和关节修复体，促进愈合程度
复合材料	金属与类骨骼材料，如 HA	成功制备出具有梯度变化的复合材料	改变材料配比可实现力学性能灵活调控；HA 可改善金属生物相容性

3.5 航空航天 SLM 3D 打印金属材料的种类及应用

应用于航空航天领域的零部件往往要求高的力学性能，同时还可能需要具备高温、高速和耐腐蚀、轻量化等特殊性能。为此，钛合金、高温合金、铝合金和铜合金成为该领域的常用材料，目前的 SLM 应用于航空航天领域也主要集中在这些材料上。这几种材料的应用如下：

1. 钛合金

用 SLM 技术制造的航空超轻钛结构件具有较高的比表面积，其重量较实心零件可以减轻 90％左右，同时也极大地节省了材料。Ti6Al4V 合金在航空航天领域主要用于框架、梁、接头和叶片等部件。该合金具有良好的热塑性和可焊性，非常适合 SLM 工艺。研究表明，SLM 制造的 Ti6Al4V 合金零件其综合力学性能与锻件相当。

2. 铝合金

对于力求减重、降低成本的航空航天领域来讲，铝合金一直是最主要的结构材料之一，也是 SLM 技术在航空航天领域选择的主要材料。德国 EOS 和 Concept Laser 等世界一流的 SLM 装备制造商均提供了配套的铝合金材料和成熟工艺。目前，SLM 成形的铝合金种类包括 AlSi10Mg、A6061、AlSi12、AlSi12Mg 等。其中 A6061 主要用于散热片，AlSi10Mg 用于轻量化结构。另外，AlSi7Mg、AlSi9Cu3、AlMg4.5Mn4 和 6061 等铝合金材料也已被研究和应用。

3. 铜合金

铜合金具有良好的导热、导电性能和较好的耐磨与减磨性能，是发动机燃烧室及其他零件内衬的理想材料。2015 年 4 月，美国 NASA 通过 SLM 制造了首个全尺寸铜合金火箭发动机零件。然而由于铜合金 SLM 工艺较困难，因此对该类材料研究较少，应用也还有待发展。

4. 高温合金

Inconel 718 合金中含有铌和钼等元素，在 700℃时具有高强度、良好的韧性和耐腐蚀性，常用于汽轮机和火箭液体燃料中的零部件。此类合金还具有良好的可焊性，无焊后开裂倾向，所以特别适用于 SLM 工艺。另外，Inconel 625 和 Inconel 738 也是该系列中被重点研究和应用的两种材料。同时，Inconel 600、Inconel 690 和 Inconel 713 等材料也被用于 SLM 工艺研究中。Invar 合金号称金属之王，物理属性非常稳定，几乎不会因为温度的极端变化而收缩或膨胀，因此是理想的光学设备平台和稳定性要求比较高的设备平台制造材料，在航天领域应用广泛。Goddard 太空飞行中心与 EOS 公司合作，首次使用 SLM 技术制造了 Invar 合金结构。

综上所述，目前主要应用于 SLM 技术的航空航天材料特性如表 3-5 所示。

表 3-5　SLM 成形航空航天材料特性

种类	主要材料	SLM 成形性能	应用
钛合金	Ti6Al4V 等	良好的热塑性和可焊性，适合 SLM 工艺；综合力学性能与锻件相当	框架、接头和叶片等部件；高比表面积，重量可减轻 90%，省材料
铝合金	AlSi10Mg、A6061 等	导热性能强、粉材质量太轻导致流动性太差、过高的反射率 SLM 成形难	散热片、轻量化结构
铜合金	GRCo-84	铜粉具有较高的反射率，易被氧化，SLM 工艺较困难	发动机燃烧室及其他零件内衬
高温合金	Inconel 718 等	良好可焊性、无焊后开裂倾向，适合 SLM 工艺	汽轮机和火箭液体燃料中的零部件

3.6　模具 SLM 3D 打印金属材料的种类及应用

SLM 技术特别适合制造模具内部高效冷却水道，已在塑料模具中获得应用。但是，相比较生物医疗和航空航天领域，模具方面的研究较少，成熟的材料也十分有限。目前，德国 EOS 设备提供了配套的模具钢粉末，但仅有 1～2 种类型。SLM 成形模具钢的材料也仅有 420 不锈钢、S136 模具钢和 H13 热作钢等少数几种，与传统的模具钢种类相比，无论是材料种类还是材料性能成熟度均有非常大的差距。目前应用于 SLM 技术的主要模具钢材料特性如表 3-6 所示。

表 3-6　SLM 成形模具钢材料特性

种类	牌号	SLM 成形性能	应用
420 不锈钢	0Cr17Ni14Mo2	致密度最高可达 99.62%；拉伸强度、显微硬度高于铸件，延伸率有所降低；等轴晶、柱状晶组成，晶粒生长呈多方向性	未见报道
S136 模具钢		致密度达 99.5%，硬度和强度接近锻件水平；晶粒细小同时沿多个方向生长	塑料模具
H13 热作钢	4Cr5MoSiV1	最大密度 6.47 g/cm³（约为理论密度 84%）	未见报道

第4章 SLM 3D 打印机制造 系统实例

4.1 奥基德信 MS-250、MV-250 金属 3D 打印机系统组成及性能

　　MS-250、MV-250 金属 3D 打印机系统是由广东奥基德信机电有限公司自主开发的工业级 SLM 机器(见图 4-1)。采用 IPG 光纤激光器,激光功率为 400 W,进口动态聚焦扫描系统,扫描速度≤7 m/s 可调,成形气氛采取氩气防氧化保护设计,采用上落粉和刮刀铺粉方式。可用于不锈钢、钛合金、镍基高温合金等金属打印。MS-250 及 MV-250 两套系统的主要性能参数如表 4-1 所示。

图 4-1　MV-250、MS-250 金属 3D 打印机实物照片

表 4 - 1　MS - 250、MV - 250 金属 3D 打印机系统主要性能参数

参数＼型号	型号	SLM MS(MV) － 250
工作台面	L×W×H 尺寸	250×250×250 mm
激光器	进口激光器	IPG 光纤激光器, YLR - 400 - WC
	功率	400 W
扫描方式	进口振镜	德国 SCANLAB, HurryScan30
	进口三维动态聚焦	德国 SCANLAB, VarioScan40
外形尺寸	L×W×H	1519 mm×1102.5 mm×1950.5 mm
预热工作温度	0～200℃±5℃	
刮刀铺粉系统	可调试刮刀铺粉系统, 使做出的产品质量得到保证	
打印层厚	0.02～0.08 mm 连续可调	
激光扫描速度	≤7 m/s	
成形腔体	1 个工作缸、1 个落粉桶、2 个集粉桶	
送粉方式	上落(送)粉方式	
扫描方式	进口动态聚焦扫描	
加工精度(mm)	±0.1/100 mm	
电源要求	220 V 50 A	
可靠性	无人看管自动工作, 故障自动停机	
软件工作平台	Windows 操作系统以及自主软件系统	
设备应用软件	OGGI 3D 系列软件, 可以实现数据处理到打印过程的高效控制	
成形材料	30 μm 左右颗粒的金属粉末材料	

1. 计算机控制系统

计算机控制系统由高可靠性的计算机、性能可靠的各种控制模块、电机驱动单元、各种传感器组成, 配以软件系统。该软件用于三维图形数据处理、加工过程的实时控制及模拟。

2. 主机

该主机由六个基本单元组成: 激光器、扫描系统、粉末传送系统、成形腔、气体保护系统、机身与机壳等(见图 4 - 2)。

1) 激光器

MS - 250、MV - 250 系统采用 IPG 公司制造的 YLR - 400 - WC 类型单模

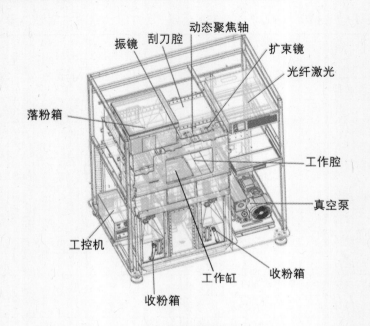

图 4 - 2　主机基本单元组成

光纤激光器，波长为 1070 nm，激光束光斑直径为 5 mm，激光器功率为 400 W，采用水冷却方式，产品如图 4 - 3 所示。

图 4 - 3　激光器

2）扫描系统

激光扫描方式为三维动态振镜聚焦，激光最大扫描速度为 7 m/s，产品如图 4 - 4 所示。

3）粉末传送系统

MS - 250、MV - 250 系统结构原理示意图如图 4 - 5 所示。其中，粉末传送系统采用上落粉方式，铺粉系统采用刮刀。加工完毕后，多余粉末回收至集粉桶。

图4-4 德国 HurryScan 三维振镜系统

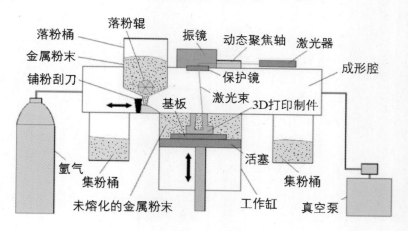

图4-5 系统结构原理示意图

4）成形腔

制件成形在密闭的成形腔中进行，采用惰性气体保护，最大成形空间为（mm³）：250 m(长)×250 m(宽)×250 m(高)。

5）气体保护系统

系统设计了保护气体机构(见图4-6)和抽真空装置(见图4-7)。成形前进行抽真空，然后通保护气体(通常为高纯氩气)。为了保证成形过程中的氧含量，可通入适当过量的保护气体，以形成内部正压。

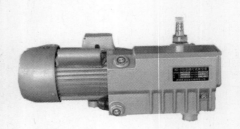

图 4 - 6　保护气体　　　　　　　　图 4 - 7　抽真空装置

3. 冷却机

冷却机由可调恒温水冷却机(见图 4 - 8)及外管路组成,用于冷却激光器和光路系统。当激光器和光路系统工作时,应保证冷却器正常运行,以提高激光能量和光路工作的稳定性,同时达到保护激光器和光学器件、延长其寿命的目的。

图 4 - 8　冷却机

4.2　SLM 成形系统的防护及安全

SLM 成形系统采用高能量密度的光纤激光器,功率密度可以达到 10^6 W/m²,必须做好人身防护。同时,成形过程中采用的金属粉末往往含有重金属等元素,必须严防操作人员吸入。另外,系统本身要安全运行,也必须遵守一定的安全规程。

1. SLM 成形系统对环境的要求

为保持成形系统的正常工作,机器必须保持在一个相对环境比较稳定的场所。温度应该维持在 25～30℃,空气湿度在 40％～70％为宜。为此,一般要求室内配备抽湿机(见图 4-9)和空调(见图 4-10),以保持环境条件的稳定性。

图 4-9　除湿机

图 4-10　柜式空调

2. SLM 成形系统对操作人员的要求

SLM 成形系统对操作人员的具体要求如下:

(1) 操作人员必须熟悉系统功能与特点及安全操作规程,定期对操作人员进行安全技术教育和安全操作技能检查。

(2) 操作人员应穿好合适的紧身防护衣服,把袖口扣紧或者把衣袖卷起,把上衣扎在裤子里,腰带端头不应悬摆。不要穿过于肥大、领口敞开的衬衫或外套。留有长发时要戴防护帽或头巾,头巾及领带的端头要仔细塞好。

(3) 操作者应佩戴专业的护目镜,该护目镜可以有效过滤激光产生的紫外光,减少对眼睛的伤害。同时为防止吸入金属粉尘,操作人员在操作过程中需佩戴医用口罩或是防毒面具。

(4) 由于粉尘可能散落到地上造成人员滑倒,操作人员应穿具有防滑功能的劳保鞋或运动鞋,不可穿高跟鞋或拖鞋。

3. SLM 成形系统定期系统维护、保养要求

SLM 成形系统定期检查项目主要包括以下几点：

(1) 各种开关、旋钮及接线插头。

(2) 各种电器元件应保持清洁。

(3) 冷却器、压缩机工作情况，水箱的水量，管道及接头。若发现水箱水量不足，要及时加水。

清洁润滑项目主要包括以下几项：

(1) 每次加工完毕后，须及时用吸尘器清除工作缸、铺粉刮刀里面及其周围的粉末。

(2) 清洁保护镜的清理，特别是浮粉要及时清理干净。

(3) 导轨、丝杆、传动机构须定期加油润滑。

4. 系统清洁

SLM 成形中要使用大量的粉末，而粉末颗粒往往很小，很容易在空气中漂浮，对人体或是设备都会造成损害，极端情况还可能造成粉尘爆炸等严重事故(如铝、钛、镁等金属)。一次系统的清洁包括以下两个方面：

1) 成形腔内的清洁

实验开始前，应该采用脱脂棉蘸少量丙酮，清洁振镜保护镜，确保激光能够顺利穿透。试验完成后，要将剩余的粉末清理干净，然后用吸尘器将角落和难以清扫的粉末吸干净，防止后面的成形引入杂粉。

2) 设备放置室的清洁

实验完成后，将地面用拖把拖干净，用抹布将桌面清理干净，将工作服挂在衣帽钩上。关闭电灯及排气扇，锁好门窗。

4.3　SLM 成形系统的开机操作

1. 设备开启

SLM 成形系统的开机步骤主要包括以下几点：

(1) 开启设备电源总开关。

(2) 开启冷却器开关，当水温达到设定值(25～35℃建议为27℃)，再开启激光器。

(3) 按下设备控制板上的【开机】开关。

(4) 开启激光器电源开关。

2. 粉末的筛选及添加

SLM系统的成形材料为金属粉末材料。由于粉末筛选及添加过程中粉尘较大，所以之前必须带上防尘面具或口罩，并穿戴好工作服。下面以400目的316L不锈钢粉末为例，说明筛选和添加操作过程：

（1）按需取适量316L不锈钢粉末，选用400目筛子，分次对其进行筛选，筛后粉末归总于一个容器中，并最终倒入落粉桶中。如果粉末充足，建议一次性装满落粉桶，避免成形过程中粉末不足而需要打开成形腔造成气氛破坏，影响成形质量和工作效率。

（2）实验完毕后，将加工零件连同基板一起取出，多余的粉末可通过铺粉系统刮入集粉桶。若要回收粉末，则将集粉桶外的盖板拧开，取出集粉桶即可。

注：由于在成形过程中粉末会卷入杂质，建议回收粉末再次使用时，应重新筛选并按比例加入一定比例的新粉。

3. 基板的选取与调平

基板的选取和调平包括以下几个步骤：

（1）打开前门面板，打开照明灯。

（2）根据所要制造零件的尺寸大小选取基板，目前，设备支持五种规格基板（图4-11为其中一种）。

图4-11 基板

（3）用毛刷将工作台及螺钉孔内的粉尘刷干净以便安装基板（见图4-12），然后将基板与螺钉放入成形腔，使固定螺钉孔与成形腔螺钉孔的位置对正。

（4）打开控制软件。左键点击 ，调出对话框，如图4-13所示。

通过调节工作缸向下按钮（见图4-14）使工作台下降，目测至基板上表面与铺粉刮刀有一定距离为止。利用调节铺粉刮刀移动方向的三个按钮（见图4-15，依次为向左移动、停止、向右移动），将铺粉刮刀放置在成形腔的一侧。

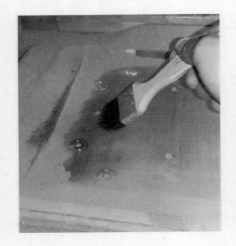

图 4-12　基板安装过程示意图

图 4-13　调试面板界面

图 4-14　工作缸上下调节

图 4-15　铺粉刮刀左右移动

（5）在基板上面添加粉末（可覆盖基板表面为准），眼观基板上各处的粉层厚度，利用软件手动控制铺粉刮刀左右移动将粉末铺平。眼观基板上各处的粉层厚度，在较厚处可借助洗耳球吹一下，看一下粉末层厚是否偏大。同时，根据各处的粉层厚度调节四个角的螺钉的紧固程度，每调整一次，铺一次粉，反复操作以达到保证各区域粉层均匀度的目的。调平之后拧紧中间两个固定螺钉即可，如图4-16所示。

图4-16 调平后基板上铺一层粉末

（6）基板调平之后，在成形区域的左右两侧用勺子添加一定量的粉。用铺粉刮刀将其推平使成形腔内粉层各处高度相同（见图4-17），以便在之后的加工中能连续进行。开始阶段可用手工铺粉，而不用通过落粉机构落粉，以免造成腔内扬尘，使得激光功率损耗严重。

图4-17 调平结束后的状态

4. 抽真空与通保护气体形成保护气氛

SLM成形前要先进行抽真空，然后通入保护气体（通常为高纯氩气）。具体操作如下：

（1）将成形腔的前门关闭锁紧。

（2）按下控制台真空泵的开关按钮（见图4-18）进行抽真空。

正常抽真空过程中压力表（见图4-19）显示成形腔内的气压逐渐下降。如果压力下降不明显，或者听到明显的漏气声，则根据漏气声找到漏气位置并查明漏气原因。拧紧各处螺丝，检查各密封元器件以保证成形腔的气密性良好。当压力表显示腔内真空度达到-0.1时，接着抽气约一分钟左右，关闭真空泵开关按钮。观察压力值是否明显回调（变大），如果压力变大则需要检测成形腔的密封性，排除问题后重复上述抽气过程，直至成形腔形成稳定的真空环境为止。

（3）按下"进气"和"保护气"按钮（见图4-20），对成形腔中通保护气体。

图4-18 真空泵开关   图4-19 真空表   图4-20 保护气按钮

打开储气罐旋钮，再将减压阀旋进，调整合适的进气速度。气流过快时会吹动腔内的粉末造成扬尘或者使抽气管爆裂；气流过慢会使外界空气通过间隙进入成形腔而导致氧含量过高。通气5 s左右，关闭减压器和保护气按钮，再次进行抽真空，排除抽气管中残余空气对腔内无氧气氛的影响。抽完真空后再次按下保护气按钮，旋进减压阀，通保护气至压力表显示为0。此时，迅速关闭减压阀、保护气瓶旋钮和通保护气按钮。保护气按钮、减压阀、气瓶旋钮的顺序一定要按上述描述进行，否则可能造成通气管内气压升高而爆裂。

至此，加工前的准备工作就做好了。

第5章 MS－250、MV－250金属 3D打印机制造系统的软件界面

5.1 概　述

进入 PowerRP 软件系统后，打开一个 STL 文件，将出现如图 5－1 所示的主窗口。具体包括以下几个方面：菜单项、工具栏、监控面板、状态栏等，其中的具体功能如下：

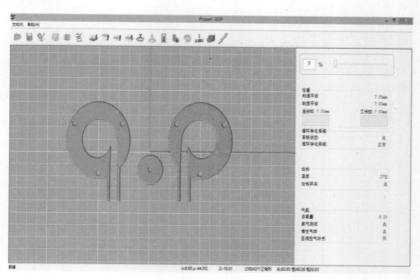

图 5－1　主界面窗口

5.2 菜　单　项

菜单项如图 5－2 所示。

【文件(F)】：菜单见图 5－3。

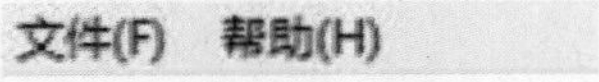
文件(F) 帮助(H)

图 5-2　菜单栏

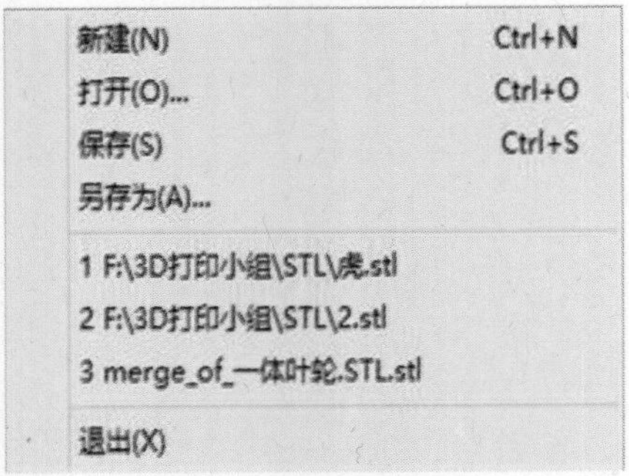
新建(N) Ctrl+N
打开(O)... Ctrl+O
保存(S) Ctrl+S
另存为(A)...
1 F:\3D打印小组\STL\虎.stl
2 F:\3D打印小组\STL\2.stl
3 merge_of_一体叶轮.STL.stl
退出(X)

图 5-3　【文件】菜单

【新建】：新建一个工程。

【打开】：打开一个用户想要加工的 STL 文件。

【保存】：保存用户对该 STL 文件的修改。

【另存为】：不覆盖源文件，把修改后的文件存为另一个文件。

【退出】：退出本程序，结束操作。

【帮助(H)】：帮助菜单内容(见图 5-4)。

帮助(H)
关于 Power-3DP(A)...

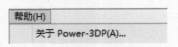

图 5-4　【帮助】菜单

【关于 Power-3DP】：显示版本信息。

5.3　工　具　栏

工具栏如图 5-5 所示，分别对应着：【打开】、【保存】、【设备调试】、【模拟制造】、【制造】、【参数设置】、【切最底层】、【切最顶层】、【上切一层】、【下切一层】、【回原点】、【温度管理】、【模型预览】、【颜色设置】、【模型管理】、【实体变换】、【测量距离】。

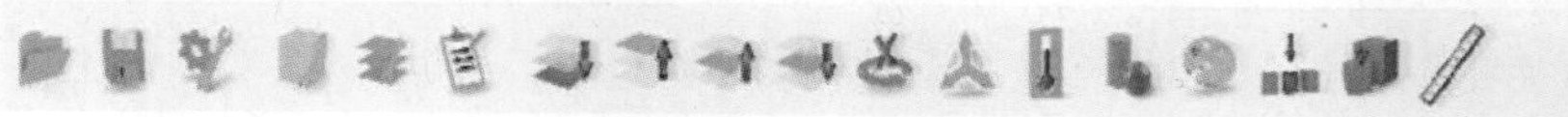

图 5-5 工具栏

5.3.1 参数设置

参数设置见图 5-6。

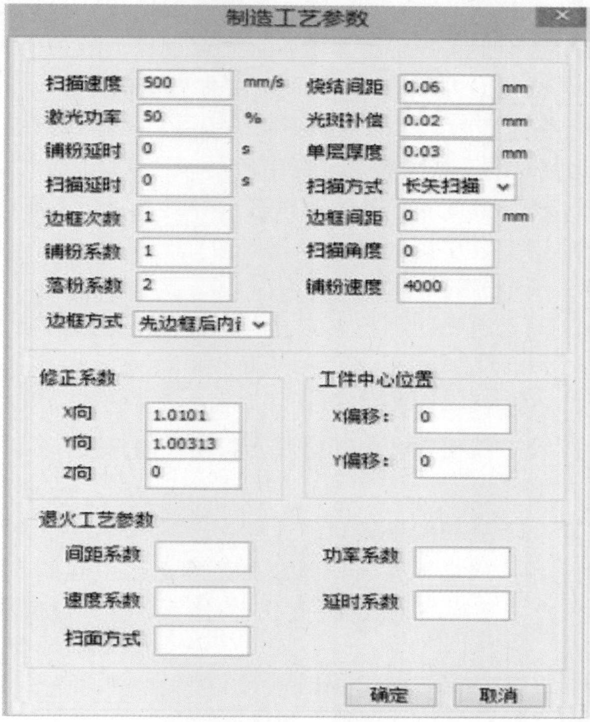

制造工艺参数

扫描速度	500	mm/s	烧结间距	0.06	mm
激光功率	50	%	光斑补偿	0.02	mm
铺粉延时	0	s	单层厚度	0.03	mm
扫描延时	0	s	扫描方式	长矢扫描	
边框次数	1		边框间距	0	mm
铺粉系数	1		扫描角度	0	
落粉系数	2		铺粉速度	4000	
边框方式	先边框后内i				

修正系数

		工件中心位置	
X向	1.0101	X偏移:	0
Y向	1.00313	Y偏移:	0
Z向	0		

退火工艺参数

间距系数		功率系数	
速度系数		延时系数	
扫面方式			

确定　　取消

图 5-6 参数设置

【扫描速度】：振镜扫描头运动的速度。根据材料工件不同一般取值范围为 300~2500 mm/s。建议取 500 mm/s。

【激光功率】：激光功率的百分比。

【铺粉延时】：自动制造中一层扫描结束，工作缸下降单层厚度后延时设定时间再执行铺粉动作，默认值为 0 秒。

【扫描延时】：自动制造中铺粉动作结束后延时一段时间，再使激光扫描，默认值为 0 秒(设置此参数可以保证温度场均匀后再进行烧结)。

【边框次数】：自动制造中，每层制造激光扫描边框的次数。

【铺粉系数】：调节铺粉胶条运动的距离。

【落粉系数】：调节落粉桶的落粉量。

【边框方式】：可以选择先扫描边框，然后扫描内部；或者先扫描内部，后扫描边框。

【烧结间距】：相邻扫描线之间的间距，间距过大会影响零件强度和烧结效果，过小会增加加工时间，一般在 0.04～0.2 mm 之间取值(建议取为 0.06 mm)。

【光斑补偿】：激光烧结时，在零件轮廓线上会产生热量扩散，使得不应烧结的粉末也被烧结，而使得零件壁厚增加。光斑补偿一般用于减小壁厚，如设为 0.1 mm 则零件外壁向内移 0.1 mm 同时零件内壁向外移 0.1 mm，即零件壁厚减小 0.2 mm。根据不同材料而选择不同的系数，具体数值应根据试验来定，无补偿时为 0(此参数的设置一般在研究中使用，正常加工时此参数不用设置)。

【单层厚度】：为切片间距，等于工作缸下降的高度，下降高度过大会影响零件精度和烧结效果，过小则会加大加工时间，一般为 0.02～0.08 mm(建议取为 0.03 mm)。

【扫描方式】：可以选择两种扫描方式。一般选择短矢扫描方式，此扫描方式节省烧结时间。

【边框间距】：边框的偏离距离。

【扫描角度】：调节扫描实体内部时激光扫描线的角度，可以在 0～180 度之间调节。

【铺粉速度】：调节铺粉胶条运动的速度。

【修正系数】：用于修正零件因材料或后处理工艺引起的收缩或膨胀误差，分 X、Y、Z 不同方向乘以补偿系数(百分比)修正，具体数值应根据实验数据来定。

> 💡 修正系数＝(理论值/实际测量值)×原修正系数

【工件中心位置】：调节打印时工件中心所在的位置，可以调节 X，Y 两个方向。

5.3.2 设备调试

设备调试界面如图 5-7 所示。

【振镜】：打开，关闭振镜开关。

【激光】：打开，关闭激光开关。

【红光】：打开，关闭红光开关。

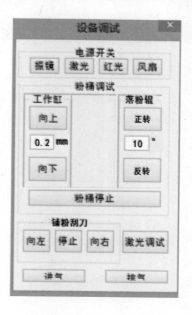

图 5-7　设备调试

【风扇】：打开，关闭风扇开关。

【粉桶调试】：控制工作缸的上、下与落粉辊的旋转运动。

【粉桶停止】：强制停止粉桶的旋转运动。

【铺粉刮刀】：控制铺粉刮刀的水平运动。

【激光调试】：扫描一个边长为 200mm×200mm 的正方形外加十字线。只扫描轮廓线。

【进气】：打开，关闭进气阀门。

【排气】：打开，关闭排气阀门。

5.3.3　模拟制造

模拟制造见图 5-8。

【单层模拟厚度】：设置模拟制造时的单层厚度。

【模型总高度】：显示模型的高度。

【模型切片层数】：显示模型一共分解的层数。

【当前模拟进度】：实时显示当前模拟的进度。

【开始模拟】：模拟制造开始。

【暂停模拟】：模拟制造暂停。

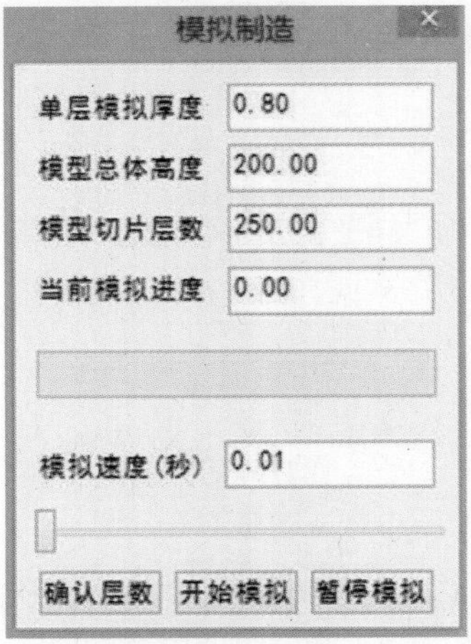

图 5-8　模拟制造

5.3.4　制造管理

制造管理界面见图 5-9。

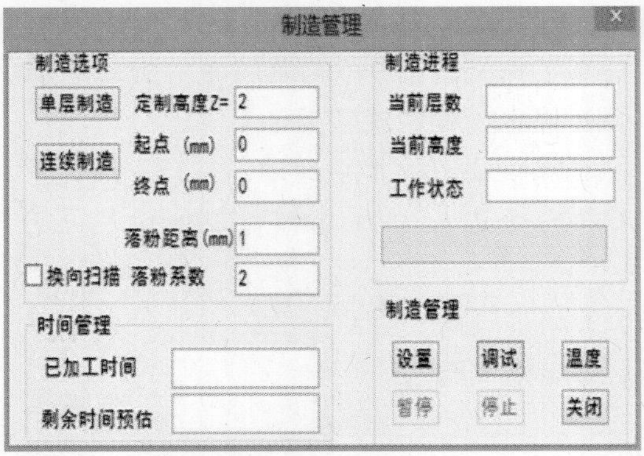

图 5-9　制造管理

【连续制造】：全自动制造设定范围内的实体零件，可以定制连续制造在 Z 方向的起点与终点。

【单层制造】：单层制造开始，或者制造设定高度 z 的层面。

【换向扫描】：每层扫描时，改变激光扫描的方向，减少各向同性的影响。

【制造进程】：显示当前层数，当前高度及加工状态。

【时间管理】：显示已加工时间，并能预估剩余加工时间。

【调试】：显示调试对话框，详见【调试】

【设置】：显示设置对话框，详见【制造设置】。

【制造完毕关强电】：选此复选框时，自动制造完毕后系统会自动关闭强电。

【暂停】：多层制造时暂停制造，再按此按钮时继续多层制造。

【停止】：停止多层制造。但必须在完成一层的烧结后才能停止。

【退出】：停止并退出制造。

【调试】：显示调试对话框。

5.3.5 模型相关

模型预览界面见图5-10。其作用是预览模型的三维形貌。

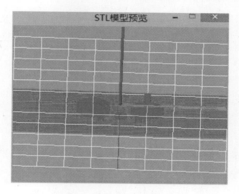

图 5-10 模型预览

5.3.6 颜色设置

颜色设置见图5-11。用来设置模型显示的颜色、背景色、标尺颜色等。

(1) 三维视图。

【模型颜色】：设置选择改变三维视图中模型显示的颜色。

【背景颜色】：设置选择改变三维视图中背景显示的颜色。

(2) 二维视图。

【截面颜色】：设置选择改变二维视图中截面显示的颜色。

【背景颜色】：设置选择改变二维视图中背景显示的颜色。

(3) 标尺颜色。

【X 轴】：设置选择改变标尺 X 轴显示的颜色。

【Y 轴】：设置选择改变标尺 Y 轴显示的颜色。

【Z 轴】：设置选择改变标尺 Z 轴显示的颜色。

图 5-11 颜色设置

5.3.7 模型管理

模型管理是将读入的模型以树状图的方式显示出来,能够选中并删除不需要的模型文件。见图 5-12。

图 5-12 模型管理

5.3.8 模型变换

模型变换是指对模型实施旋转变换、平移变换和缩放变换。见图 5-13。

【模型旋转】:设置角度使模型沿着 X 轴、Y 轴或 Z 轴旋转设置的角度。

【模型平移】：设置平移距离使模型沿着 X 轴、Y 轴平移设置的距离。

【模型缩放】：设置缩放倍数使模型缩放所设置的倍数。

图 5-13　模型变换

5.3.9　测量距离

测量零件截面任意两点间的距离，如图 5-14 所示。

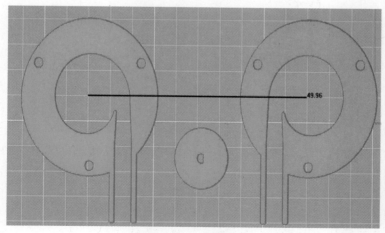

图 5-14　测量距离

5.4 监控面板

监控面板的各部分如图5-15所示，主要功能有：

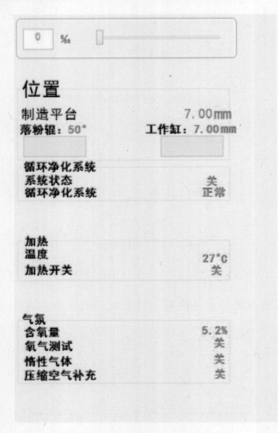

图5-15 监控面板

【切片滑块】：滑动滑块，对模型进行切片，可以从模型底部一直切到模型顶部。

【位置显示】：实时显示制造平台、落粉桶、工作缸的位置。

【循环净化系统显示】：实时检测循环净化系统工作状态。

【加热显示】：显示成型腔温度与加热器的工作状态。

【气氛显示】：显示当前成形腔内气体组成。

5.5 其他功能

【回原点】：在二维截面视图中，将平移，缩放后的视图移动回到原点重新显示。

【切最顶层】：显示最顶层的切片图形。

【切最底层】：显示最底层的切片图形。

【上切一层】：显示上一层的切片图形。

【下切一层】：显示下一层的切片图形。

【关于 PowerRP】：显示版本信息。

【版本历史】：显示 PowerRP 软件系统的各版本的历史进展及各版解决的问题。

5.6 状态栏

状态栏(见图 5-16)总共 4 格，第一格显示鼠标位置，第二格显示当前切片的 Z 坐标或选择的 Z 位置，第三格显示当前加工的零件有多少个三角形构成，第四格显示当前零件的长、宽、高。

| (x:143.00,y:98.00) | Z:-10.01 | 168476个三角形 | 长:160.27 宽:69.47 高20.03 |

图 5-16 状态栏

第6章 SLM 3D 打印机制造系统 3D 打印制件实例

6.1 图形预处理

软件系统可通过网络或 U 盘接收 STL 文件。开机完成后打开软件，通过【文件】下拉菜单，读取 STL 文件，其显示在屏幕实体视图框中。如果零件模型显示有错误，则利用造型软件导出正确的 STL 文件或者用专业的修正软件修正错误，直到软件系统不提示有错误为止。通过"实体转换"菜单将实体模型进行适当的旋转，以选取理想的加工方位。加工方位确定后，利用【文件】下拉菜单的【保存】或【另存为】项存取该零件，以作为即将用于加工的数据模型。如果是【文件】下拉菜单中的文件列表中有的文件，用鼠标直接点击该文件即可。

6.2 模型制作

6.2.1 新模型制作步骤

1. 文件的导入

通过造型软件(如 Pro/E、UG 等)生成 STL 格式的加工文件后，从 SLM 设备系统软件的菜单项中载入加工文件。当打开 STL 格式的加工文件后，系统控制软件会显示加工文件一层的加工截面和激光扫描路径，如图 6-1 所示。

2. 软控制的开启

在加工开始进行前，需先打开激光器和振镜，打开方式为：先点击 🦆 按钮，出现如图 6-2 所示软件控制面板。然后点击电源开关中的激光开关和振镜开关。

3. 工艺参数的设定

当打开软控制开关后，需要设置加工中的工艺参数，设置方式为：点击 📋

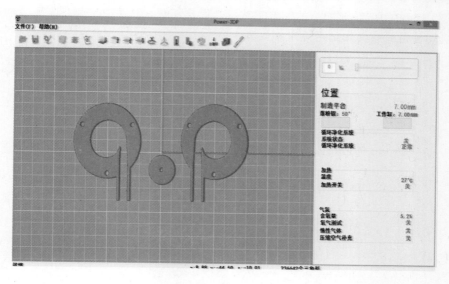

图6-1 加工文件导入后显示第一层

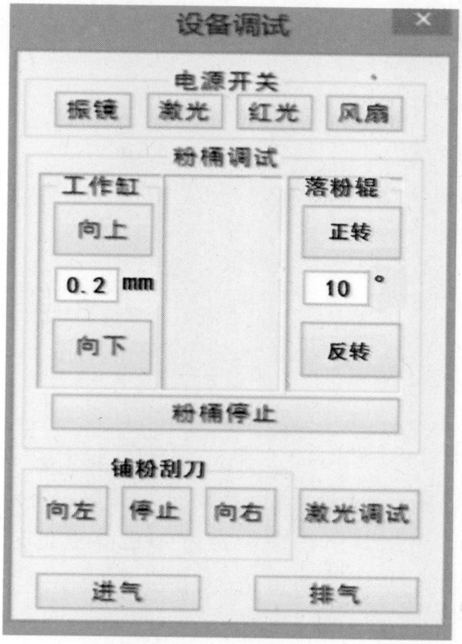

图6-2 软控制开关面板

按钮，出现如图6-3所示的制造工艺参数设定面板。然后在此可以设置各种参数，其各自的意义和常用设定参见第5章。

图 6-3　设定工艺参数

4. 开始加工

当开启各种软开关和设置完加工参数后就可以开始加工了。点击 ▓ 按钮，会弹出制造管理界面，图6-4所示为选择加工菜单，可点击选择加工菜单进行单层或局部区域加工。在此对话框中设定好加工高度的起始范围和单层制造的高度值后，点击连续制造或单层制造进行加工。

5. 加工暂停和加工结束

点击暂停按钮和停止按钮可分别对加工过程进行暂停和停止，当加工暂停后可点击暂停按钮进行继续加工。

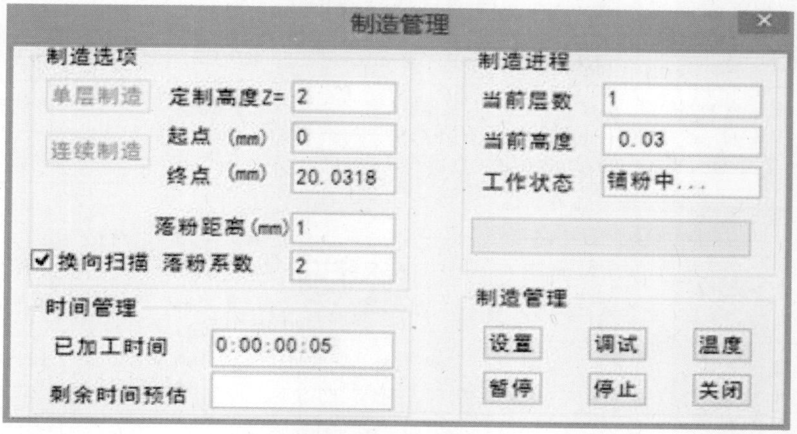

图 6-4 选择加工菜单

6. 加工结束后处理

当加工结束后，在运行状态信息栏中会自动提示加工完毕，如图 6-5 所示。此时先通过控制面板关闭软控制开关、振镜开关和激光开关。关闭软开关后就可按照下述部分关闭硬件部分了。

图 6-5 加工完毕后的信息提示

6.2.2 不同材料推荐的工艺参数设置

不同材料推荐的工艺参数如表 6-1 所示。

表 6-1 典型材料推荐的工艺参数

粉末种类		H13 钢	CoCr 合金	Ti6Al4V 合金	316L 不锈钢
环境条件	保护气氛	高纯氩	高纯氩	高纯氩	高纯氩
	氧含量	<2000 ppm	<2000 ppm	<2000 ppm	<2000 ppm
	基底预热	40	否	否	否
激光参数	激光类型	400 W 光纤激光器	200 W 光纤激光器	200 W 光纤激光器	200 W 光纤激光器
	激光功率	280～300 W	80～140 W	100～160 W	180 W
	扫描速度	980～1000 mm/s	300～600 mm/s	200～400 mm/s	900 mm/s
	扫描间距	0.12 mm	0.04～0.06 mm	0.05～0.07 mm	0.06 mm
	加工层厚	0.02～0.03 mm	0.02 mm	0.02～0.03 mm	0.02 mm
	扫描策略	分块变向	线性光栅扫描	线性光栅扫描	线性光栅扫描
性能指标	抗拉强度	1400～1700 MPa	1002～1142 MPa	1201～1346 MPa	20～660 MPa
	屈服强度	/	1428～1456 MPa	11116～1204 MPa	/
	延伸率	7～11.2%	7.6～10.5%	9.88～11.4%	15～50%
	硬度	480～580Hv	维氏硬度476Hv	/	25HRC

6.2.3 关机

SLM 机器的关机有以下几步：

(1) 关闭激光器开关。

激光器开关位于 SLM 机器右部，将右侧面板打开即可看到，将激光器开关向下拨，即为关闭。

(2) 打开成形腔门。

(3) 取出零件(见图 6-6)。

先将工作缸向上升起一定高度，便于零件的取出。若所加工的零件比较简单且强度很高，则可直接用铲子和刷子将零件周围的粉末清理。若零件复杂且强度较低，则需要用毛刷小心的将零件周围粉末清理掉，配合吸尘器将零件基板上的粉末清除，使螺孔暴露，将基板取出。

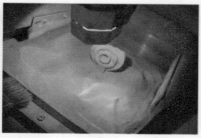

图6-6　取出零件

（4）零件清洁处理。

将基板取出后，小心地用工具将零件上的粉末清理干净，然后用机加工方法将零件与基板分离。再把零件放入零件柜中（见图6-7）。

图6-7　零件清洁处理后置于零件柜中

（5）成形腔清洁处理。

零件取出后，将成形腔内的粉末清扫至集粉桶中，将里面清理干净。

（6）粉末清理。

打开左右两侧的集粉桶阀门，将工作腔里面的金属粉末清扫进集粉桶中，然后送入旋振筛（见图6-8），用220目的筛网筛去粉末中颗粒及杂物，将过筛后的金属粉末储存到塑料桶中，盖严密封保存，再次使用时，将储存的金属粉末加入到落粉桶中，如图6-9所示。

（7）关闭冷水机。

按冷水机关机按钮，并断电。

图6-8　粉末过筛清理

图6-9　将储存的粉末送到落粉桶中

（8）关闭设备电源。

按下"停机"按键，将空气开关向下拨下至关闭。如图6-10所示。

(a) 停机按键   (b) 空气开关

图6-10 关闭设备电源

(9) 工具整理(见图6-11)。

将工具放置在工具盒内,基板等放置在基板储存箱内,螺钉等小物放置在螺钉盒内。

图6-11 工具摆放

(10) 工作室清洁(见图6-12)。

将地面用拖把拖干净,用抹布把桌面清理干净,将工作服挂在衣帽钩上。关闭电灯及排气扇,锁好门窗。

图 6-12　实验室物品放归原处

6.2.4　系统暂停

成形过程中如果出现问题，如粉末不足，球化严重等现象，可以点击暂停按钮和停止按钮分别对加工过程进行暂停和停止，当加工暂停后可继续点击暂停按钮进行继续加工。

6.3　模 型 后 处 理

选择性激光熔化是在金属基板上成形，成形件与基板为冶金结合，因此，需要将成形件从基板上切除。采用线切割机床或是切割砂轮均可切除。

6.4　3D 打印制件的尺寸精度检测

国内外的 3D 打印机均采用如图 6-13 所示的标准试样进行检测。用被检测制件的粉末材料 SLM3D 打印出标准试样，对其后处理后的标准试样进行尺寸检测，将检测结果填写在表格中并写出评价意见(见表 6-2)。

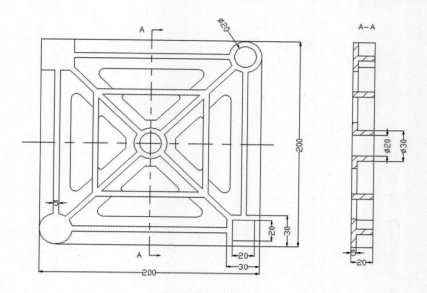

图6-13 3D打印制件精度检测的标准试样

表6-2 SLM 3D打印标准试样尺寸检测结果

检验项目	名义尺寸/mm	方向	测 试 结 果			
			第一次/mm	第二次/mm	第三次/mm	平均/mm
长	200	X				
宽	200	Y				
高	20	Z				
壁厚	5	X				
		Y				
检测结果评价:						

第7章 打印机常见故障处理及保养维护

7.1 加工过程中的故障处理

在 SLM 加工过程中，工艺人员需认真观察加工中是否出现异常情况，当出现异常情况时应妥善进行处理，以下几种异常处理办法供工艺人员参考。

(1) 激光器在加工时突然不出光。

可能原因是激光器过热引起，此时应先暂停加工，然后通过软控制面板关闭激光器，再关闭激光器硬件(如光纤激光器即关闭设备上的关机按钮)。当关闭等待 5 分钟后，先打开激光器硬件开关，再通过软控制面板开启激光。然后点击暂停按钮继续加工，直到激光器出光为止。

(2) 加工中铺粉量过少。

当铺粉刮刀铺过一层粉后，在加工区域中间若出现沙浪形式的波纹，可判定落粉缸的粉落量过少。如果可以明确判定粉缸仍然有粉，则需要调节落粉装置的落粉系数(即每次的落粉量)。提升每次落粉系数(实际上是调整电机旋转量)，重复落粉后观测铺粉效果，直到铺粉没有沙浪形式的波纹为止。

(3) 加工时铺粉刮刀铺过一层粉后，加工区域有部分已加工层发生翘起或开裂。

此现象可判断为加工工艺参数设置不合理或工艺规划不合理造成的。此时应立即停止加工，防止翘起的金属部分刮蹭坏铺粉刮刀。随后调整加工工艺或重新规划工艺后再进行加工，若要强制继续加工，建议工艺人员先暂停加工，通过软控制面板手动把工作缸下降一层或多层层厚的高度，然后手动点击铺粉刮刀按钮铺粉，并观察后续是否出现翘曲或开裂。该强制办法不推荐工艺人员使用。

(4) 加工过程中金属粉末用完。

加工比较高的零件时经常会出现该问题。此时应先暂停加工，添加粉末并重新抽真空和通保护气后方可继续加工。重新抽气可能造成已加工部分的细小位置偏移(有时可能造成零件整体下降一定高度)。此时建议先不铺粉,而是利用手动操作控制激光重复最后加工层,看是否出现较大偏移,并熔化零件表面粉末,提升零件温度,保证后续加工的稳定性。

(5)加工过程中氧化严重。

如果加工过程中发现熔化区域变黑或者出现严重的"球化"或飞溅,则可能是出现了氧化问题。此时应该立即暂停加工,可以采取通一定保护气体的办法降低成形腔中的氧含量,极端情况下可以采取重新抽真空通保护气的方法。根据经验,一般加工1~2个小时应重新通一次保护气,通保护气的时间一般为10~15秒左右。通保护气的时机一般选择在激光正在扫描一层零件切片时。

7.2　设备及软件故障

MS-222、MV-222型号打印机系统如果出现故障,可根据表7-1查找故障的处理办法,一般均能解决。若用户仍然无法解决,请与供应商联系。

表7-1　系统常见故障及处理方法一览表

	常见故障	产 生 原 因	解 决 方 法
1	开机后计算机不能启动	硬件接插件未安装好	检查所有插头和总电源开关
2	STL文件打开后,图形文件不正常	(1)三维CAD软件转换STL文件的格式不正确; (2)STL文件有错	(1)将三维CAD软件重新转换(二进制或文本格式); (2)对STL文件进行纠错
3	激光扫描线变粗、功率变小	(1)光路偏移; (2)动态聚焦不动	(1)调节光路; (2)与制造商联系
4	振镜不工作	(1)振镜控制板卡未加载或加载失败; (2)控制板连线松动; (3)控制器中对应的驱动板或保险管烧坏	(1)重新确认加载; (2)重新连接线路; (3)与制造商联系
5	激光器无法开启	(1)振镜控制板卡未加载或加载失败; (2)激光器温度过高或冷水机未工作; (3)光路偏移或镜片损坏; (4)激光器连线有问题; (5)激光器损坏	(1)重新确认加载; (2)接通并检查冷却器工作是否正常; (3)调整光路或更换镜片; (4)重新连接线路; (5)与制造商联系

	常 见 故 障	产 生 原 因	解 决 方 法
6	极限故障	限位开关损坏	更换限位开关
7	（1）制冷器工作不正常； （2）制冷器温控器数据闪动	（1）温度传感器线断； （2）压缩机出现接触不良	（1）重新接线；打开制冷器机壳检查接线； （2）与制造商联系
8	任一路空气开关断开	电路中有短路现象	与制造商联系
9	基板底部加热板失效	（1）加热板损坏； （2）线路接触不良	（1）更换加热板； （2）检查线路； （3）与制造商联系
10	铺粉刮刀无法移动	（1）铺粉电机丝杆部分出现故障； （2）钢带变形或卡死； （3）变频器损坏	（1）检查并调整相关元器件； （2）重新安装相关组件； （3）与制造商联系
11	三个缸无法移动	（1）丝杆走到极限位置； （2）限位开关损坏； （3）电机驱动器损坏； （4）电机锁紧螺母松懈	（1）使撞块离开极限开关； （2）更换限位开关； （3）更换电机驱动器； （4）与制造商联系

7.3 整机的保养

SLM机器整机的保养主要包括以下几个方面：

(1) 电柜的维护。

电柜在工作时严禁打开，每次做完零件后必须认真清洁，防止灰尘进入电器元件内部引起元器件损坏。

(2) 电器的维护。

各电机及其电器元器件要防止灰尘及油污污染。

(3) 设备的维护。

各风扇的滤网要经常清洗，机器各个部位的粉尘要及时清洁干净。

7.4　工作缸的保养及维护

做零件之前和零件做完之后，都必须对工作平台、铺粉刮刀、工作腔内及整个系统进行清理(此时零件必须取出)。

清理步骤如下：

(1) 把剩余的粉末取出。

(2) 用吸尘器吸走工作缸及其周围的残渣。

7.5　Z 轴丝杆、铺粉刮刀导轨的保养及维护

定期对 Z 轴丝杆及铺粉刮刀导轨进行去污，上油处理。铺粉刮刀移动导轨每周需补充润滑油一次，Z 轴丝杆每隔三个月需补充润滑油一次，具体方法如下：

(1) 铺粉刮刀移动导轨的润滑。

打开后门，将盖在铺粉刮刀上的皮老虎掀起，分别在两条导轨上加注润滑油(或 40 号机油)，然后将铺粉刮刀左右移动数次即可。

(2) 工作缸导柱导套和丝杆的润滑。

将工作缸上升到上极限位置，松开固定活塞不锈钢盖板的螺钉，轻轻取下不锈钢板，用丝杆使用锂基润滑脂(专用润滑油)轻涂在丝杆螺纹里，轻轻盖上不锈钢板(钢板下的毛毡不得错位)，然后拧紧螺钉，再将工作缸上下运动一次即可。

7.6　保护镜处理

定期清洁保护镜，要先用洗耳球吹一吹保护镜，再用镊子夹取少量脱脂棉，蘸少许无水酒精或者丙酮，轻轻擦洗保护镜表面的污物。注意：动作要轻，不要使金属部分触及镜片，以免划伤镜片。此外，每隔一个月还必须对所有的运动器件、开关按钮、制冷器、加热器等进行必要的检查，以确保系统处于良好的工作状态。

7.7　外光路调整

7.7.1　有反射镜的外光路系统

有反射镜的光路系统的布置如图 7-1 所示，该种光路布置适用于 SLS 3D

打印机整机顶面顶面沿 X 轴长度方向的尺寸较小，不足以将激光器、扩束镜、动态聚焦模块及扫描振镜同时沿 X 轴向放置成一直线，故设置多个反射镜将激光束传输到扫描振镜。该种光路系统的调整方法如下：

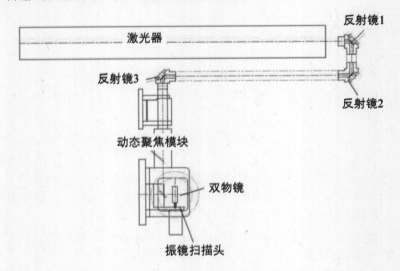

图 7-1　有反射镜的外光路系统平面布置图

（1）启动计算机，进入操作系统中的【调试】菜单。

（2）将有机玻璃片放在激光器与反射镜头 1 之间，用鼠标点击【开启】按键进行开/关激光。逐步调整反射镜 1 在安装座上的位置。使打在有机玻璃片上的光斑位置位于反射镜的中心位置上，一旦激光束光斑对准镜片中心，即刻关上激光。

（3）将有机玻璃片置于反射镜 1 的出口与反射镜 2 的入口，打开激光器，由反射镜 1 到反射镜 2 移动有机玻璃，观察光斑是否为圆斑，要求光斑在反射镜 1 的出口与反射镜 2 的入口的中心位置上。若不满足要求，则调整固定镜片 1 的反射角及镜片 2 的安装位置，使其满足要求。

（4）将有机玻璃置于反射镜 2 与反射镜 3 之间，由近到远调整光束射向。调试方法及要求同（3）。调整反射镜 2 的反射角及反射镜 3 的安装位置，使光斑在反射镜 2 出口处光斑为圆斑，并位于反射镜 3 入口的中心位置上。

（5）将有机玻璃片置于反射镜 3 与动态聚焦镜模块入口之间，调试方法见（3）。

（6）调整振镜动态聚焦扫描系统的安装位置，使聚焦点正好位于刮刀平面上（即需要预先铺粉在工作台面上）。将一张感光白纸置于粉末平面上，打开 SLM 调试面板，如图 7-2 所示，点击激光调试，会扫描一个边长为 $200 \, \text{mm} \times$

200 mm 的正方形外加十字线。如图 7 - 3 所示,观察光斑是否很尖细,否则微调振镜动态聚焦扫描系统的安装位置使光斑达到最细。

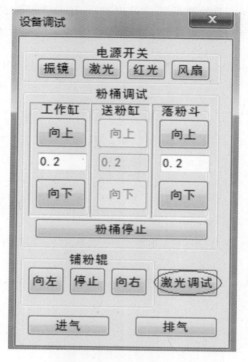

图 7 - 2 SLM 调试面板

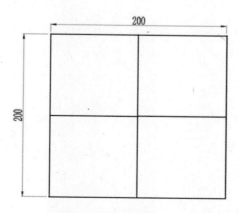

图 7 - 3 激光调试图形

7.7.2 无反射镜的外光路系统

图 7-4 所示为无反射镜的外光路系统平面布置图，该系统适用于打印机顶面沿 X 轴长度方向的尺寸足够大，能同时沿一直线放置激光器、扩束镜、动态聚焦模块和扫描振镜的情况。

⚡ 系统激光光路调整时，应与制造商联系并请专业人员调整。

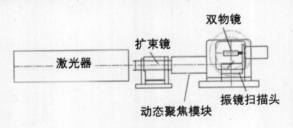

图 7-4 无反射镜的外光路系统平面布置图

第8章 SLM 技术的最新发展及其他金属 3D 打印技术

8.1 多扫描头大型 SLM 技术

1. 技术背景

激光选区熔化技术(Selective Laser Melting, SLM)可短周期制造单件和小批量复杂、难加工、异形、高性能金属零部件,对比传统工艺具有工装夹具少、无需刀模具、成形材料广泛、制件复杂度高、性能优越、制造周期短、成本低等优点。

航天关键零部件具有不规则曲面、中空、薄壁等特征,并且使用的多为难加工的材料,如高温合金和钛合金。传统制造主要为铸造、锻造和机加工,面临着制件性能难保证、复杂结构难加工甚至无法加工的难题,并且加工要使用大型的锻压机床和多轴加工中心,其材料利用率低,制造成本高周期长,利用 SLM 工艺可解决上述难题。随着航天技术的进步,其关键零部件在尺寸和结构上也呈现出大型化和复杂化的特点,如大推力氢氧发动机钛合金氢泵叶轮直径超过了 400 mm,但是现有 SLM 装备的成形空间有限,如代表业内先进水平的德国 EOS 公司最新 M80 装备的成形台面仅为 250 mm,无法满足航天领域大尺寸零部件的成形要求,急需扩大成形范围。通过多个激光束协同扫描可扩大成形范围,但在多激光协同高效扫描方法、扫描边界高性能连接、成形空间气氛和温度场的严格控制和大尺寸零件性能控制等方面均有待突破。因此,针对航天复杂精密关键金属构件高精度、高质量一致性、高效率、高柔性化制造的需求,研制大尺寸复杂精密构件的多光束激光选区熔化制造装备成为一种发展趋势,为高性能、高效率、高质量和绿色制造的航天产品提供关键技术与装备。

2. 技术原理

多激光束 SLM 技术是基于单激光 SLM 的技术原理,并在复合光束扫描技术上加以改进(图 8-1)。具体表现为小功率的激光束预先扫描金属粉末,提升粉末温度，控制预热温度低于粉末熔点；然后利用其它激光束对扫描路径进行扫描以实现热处理，从而减小零件变形、开裂，提升零件性能和表面质量。

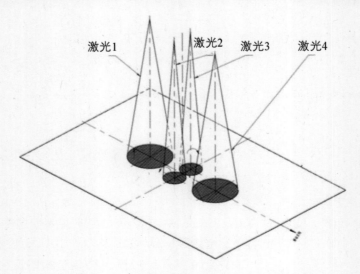

图 8-1　多激光头多激光束路径扫描成形方法原理图

3. 装备及实现方式

多激光束 SLM 装备主要由复合光路系统、铺粉系统、高真空成形腔、粉床温度调控系统等硬件系统及智能工艺与控制软件系统组成。图 8-2 是双激光束 SLM 装备的示意图，采用 SCANLAB 的 RTC4 扫描控制板实现双激光协同控制（见图 8-3）。用于 SLM 成形的光路系统通过调校，使光路系统的焦平面与成形平面重合，从而取得最佳的激光工作效果，在使用双激光器的 SLM 装备中，光路系统并非简单的叠加，而是需要两套光路系统可以很好地与工作平面吻合；铺粉机构采用精密双导轨支撑结构，保证铺粉过程的平稳及粉床工作面的精度；工作缸和送粉缸的驱动部件采用精密伺服电机、精密丝杆作为传动部件，从而保证工作缸和送粉缸的运动精度；通过对成形腔体内的氧气含量、气体压力进行检测，由模拟数据采集卡反馈至 PC 设备之中，PC 设备根据腔体内部的氧含量与腔体内的压力状况，进行负压力调节。

德国 Concept Laser 公司推出了升级版的最新机型 X line 2000R，刷新了激光烧结金属 3D 打印机构建容积的新纪录。X line 1000R 拥有 630 mm×400 mm×500 mm 的构建容积，据称是世界最大的选择性激光烧结 3D 打印机。X line 2000R 的构建体积相比 X line 1000R 增加了 27%，从 126 公升增长到 160 公升。实际打印尺寸为 800 mm×400 mm×500 mm。这款 3D 打印机安装

图 8-2 双激光 SLM 装备示意图

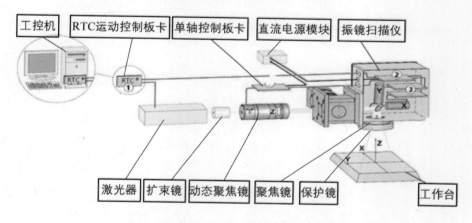

图 8-3 双激光协同控制示意图

了双激光系统，每束激光在打印过程中释放出 1000 瓦能量，极大加速了成型速度，建造区域被分成两个不同的区间。除了构建体积更大、打印速度更快之外，这个新系统还将滚筒筛置换为静音振动筛，全封闭设计则有利于保持打印环境的清洁。其他典型的多激光束 SLM 装备如图 8-4 所示。另外，德国 SLM Solutions 公司和美国 3D Systems 公司均推出了双激光大尺寸 SLM 设备，如

图 8-4 德国 Concept Laser 双激光 X line 2000R 装备

图 8－5 所示。

图 8－5　德国 SLM Solutions 研制的 SLM 280HL(双 400/1000W 光纤激光器)(左)和
美国 3D Systems 研制的 ProX 400(双 500/1000W 光纤激光器)(右)

4. 厂家及典型应用

目前研发多激光束 SLM 技术的主要厂商有德国 Concept Laser、德国 SLM Solutions，美国 3D Systems 以及国内的武汉华科三维有限公司。多激光束 SLM 技术用于航空、汽车、医疗等领域，能解决单激光束 SLM 技术成形零件内应力大、裂纹、翘曲、性能低等缺陷，典型零件如图 8－6 和图 8－7 所示。

图 8－6　双激光 SLM 装备制造的航空发动机叶轮(左)和固体姿轨控发动机扰流环(右)

图 8－7　SLM 280HL 制造的复杂整体结构零件

8.2 SLM+CNC 复合 3D 打印技术

1. 技术背景

近年来，增材制造(RP)技术的研究越来越集中于功能性产品的直接成形，使用材料为金属、陶瓷、合金以及各种功能性复合材料，这些技术包括激光熔覆(LC)、三维堆焊(3DW)、激光近净成形(LENS)、金属直接沉积(DMD)、激光选区熔化(SLM)、等离子熔积制造(PDM)、电子束熔化(EBM)等。但是几乎所有的 RP 技术的几何尺寸精度和表面光洁度都不太理想，需要进行后处理，包括热处理、机加工(铣削、钻削)和抛光加工。这是由于其本身离散化过程中大都采用 STL 格式和二维的分层技术，从而造成尺寸的误差和阶梯效应。一般来说，分层厚度越小则精度越高，但同时所需的时间也越长，从而增加了成本。而传统的机加工，尤其是数控加工具有高精度、高效率、加工柔性好、弥补上述 RP 技术的缺点。因此，通过激光选区熔化技术(SLM)和减材制造(CNC)的有效结合，产生了一种新的复合加工技术，具有广阔的应用前景。图 8-8 所示为增减材制造特征结合的技术优势。基于 SLM+CNC 的复合加工技术是从制造的产品设计阶段、软件控制设计阶段以及加工阶段将增材制造和减材制造相结合的一种新的技术。

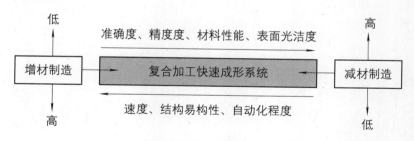

图 8-8 复合加工 3D 打印技术优势

2. 技术原理

基于 SLM+CNC 的复合加工技术原理如图 8-9 所示，该技术是一种添加、去除材料的过程，以"离散-堆积-控制"的成形原理为基础，首先在计算机中生成最终功能零件的三维 CAD 模型；然后将该模型按一定的厚度分层切片，即将零件的三维数据信息转换为一系列的二维或三维轮廓的几何信息，层面的几何信息融合沉积参数和机加工参数生成扫描路径数控代码，成形系统按照轮廓轨迹进行逐层扫描堆积材料和加工控制(对轮廓或表面进行机加工)；最终成形三维实体零件。从复合加工技术的原理可以看出，该技术与 RP 技术的基本思路是一致的，其实质就是 CAD 软件驱动下的三维堆积和机加工过程。

图 8-9　基于增减材制造的复合加工技术原理

3. 装备及实现方式

由于采用机加工控制来消除台阶效应并保证精度，因此在沉积过程中可以采取大喷头和大厚度等低分辨率的沉积来提高 alto 速度。一个基本的复合加工快速成型系统应该由以下几个部分组成：3 或 5 轴 CNC 立式加工中心（由于大部分 RP 系统都是立式结构，所以该加工中心也应该是立式结构）、沉积制造部分、送料系统、软件控制系统、辅助系统。SLM＋CNC 复合 3D 打印装备包括了激光器、高速主轴、刀具库、线性电机驱动，工作台、铺粉系统等硬件系统，CCD 相机、氧浓度温度在线监测等辅助系统以及软件控制系统，其成形过程示意图如图 8-10 所示，先将一定层厚的粉末铺展至工作台，再用激光熔化当前切片层的区域，然后对当前熔化层进行铣削加工，再进行下一层的铺粉、熔化及铣削加工，如此往复循环直至整个三维零件成形完毕为止。

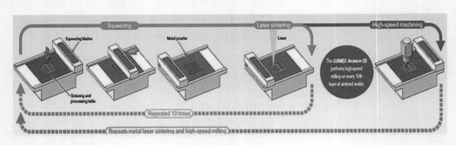

图 8-10　SLM＋CNC 成形过程示意图

日本松浦机械制作所推出的商业化 LUMEX Avance-25 复合光造型机（见图 8-11），是用激光烧结和铣削工艺结合的方式（SLM＋CNC），实现高精度的成形效果。复合光造型机能够反复进行金属光造型，采用立铣刀的高速、高精度切削加工，实现了与加工中心相当的尺寸精度和表面粗糙度。

图 8-11 LUMEX Avance-25 SLM+CNC 复合加工装备

4. 厂家及典型应用

针对 SLM+CNC 复合 3D 打印技术的研发，目前国内外典型的厂商是日本松浦机械，其推出商业化的 LUMEX Avance-25 复合光造型机，利用金属光造型复合加工进行零件快速成形，实现激光烧结、切削加工、深加强筋加工、多孔造型以及三维冷却水路，具有 3D 网状、缩短时间、降低成本、3D 自由曲面及一体化结构等优势。典型应用如下。

1）制造整体化复杂形状模具

SLM+CNC 复合 3D 打印技术可以制造整体化模具，不用将它们分开，从而消除了模具的装配和调整阶段带来的尺寸偏差，如图 8-12 所示。复合加工的复杂形状模具如图 8-13 所示。

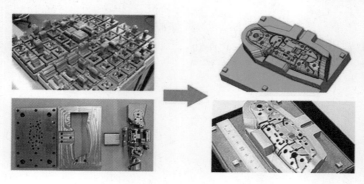

图 8-12 SLM+CNC 制造整体化模具

图 8-13　SLM＋CNC 制造风扇模具(左)和电动螺丝刀头(右)

2) 制造具有深肋的零件

SLM＋CNC 复合 3D 打印技术由于采用每层熔化和高速铣削金属,可以加工高精度的深肋部位和薄肋板(见图 8-14),无需电火花加工进行后处理。

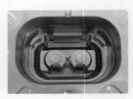

Deep ribs(L×D>17)　　Thin ribs(L×D>24)　　Complicated geometries

图 8-14　SLM＋CNC 制造深肋及薄肋零件

3) 制造个性化的复杂形状零件

SLM＋CNC 复合 3D 打印技术可以制造传统工艺无法制造的个性化复杂形状的零件,如 3D 网状结构、空心结构、自由曲面及人工骨等定制产品(见图8-15)。

图 8-15　从左至右:网状结构、植入体、牙托、人工骨

8.3　激光近净成形(LENS)3D 打印技术

1. 技术背景

激光近净成形技术(Laser Engineered Net Shaping, LENS)是一种利用高

能束直接成形目标结构的先进制造方法，该技术由美国 Sandia 国家实验室首次提出，至今已能生产多种材料的高密度金属零件。该技术其结合了激光选区烧结和激光同步送粉条件下的熔覆技术，既保持了激光选区烧结成形零件的优点，又克服了其成形零件密度低、性能差的缺点。LENS 技术具有以下主要特点：

（1）制造过程灵活性高。无需模具、夹具等专用器械，若想改变生产的零件种类，通过改变 CAD 模型就可轻而易举地生产出不同要求的零件，满足其形状、精度和尺寸的要求，从而满足零件加工的快速变换和其它多种使用要求。

（2）产品研制所需周期大大降低。只需计算机辅助设计—LENS 加工初形—少量后续辅助加工这个步骤，相比于过去，整个加工过程有减无增，生产效率因此显著提升，值得一提的是，该技术可以满足新品研发，大大降低批量、复杂性等方面的制约。

（3）技术集成度高。LENS 是激光技术、计算机辅助设计、计算机辅助制造、数字制造技术、材料科学和机械制造技术综合运用的体现。目标件设计完成后，分析建模、逐层划分和工艺规划等制造过程，基本不需人工参与就可生产出满足各方面要求的零件。

（4）LENS 工艺生产的零件性能极高。强度、耐腐蚀性能和化学稳定性能都十分突出。激光束可以迅速地使粉末熔化再凝固，这样可以成形出非常密实的零件，同时晶粒又十分均匀细小，避免了传统铸锻工艺中的宏观缺陷和组织缺陷。

（5）可实现梯度材料的过渡或结合。由于 LENS 是每一层依次进行扫描制造的，在此基础上逐层地调整成分或者组织结构，从而形成的不同区域具有不同性能，使零件各部分材质和性能发挥优势。目前，LENS 技术可用于制造成形金属注射模、修复模具和大型金属零件、制造大尺寸薄壁形状的整体结构零件，也可用于加工活性金属如钛、镍、钽、钨等特殊金属。

2. 技术原理

LENS 的基本技术原理如图 8-16 所示。首先根据零件的外观数据建立CAD 模型，利用计算机软件将具有零件外观特征的 CAD 模型进行水平分割，生成各个截面的图层，同时得到二维数据，再将这些二维数据叠加和编程，最终形成数控机床可以识别的 NC 代码。在零件成形过程中，激光在基板上聚焦并产生恪池，金属或陶瓷粉末由惰性气体送入熔池，沉积头按照之前生成的数控代码信息在 $X-Y$ 方向移动，当一层沉积完后，沉积头上升一个与分层厚度相同的距离后继续下一层的沉积，以此类推逐层加工，直到整个零件加工完成为止。

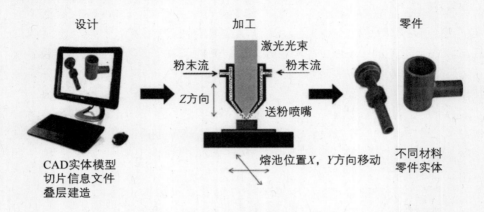

设计　　　　　　　　　　加工　　　　　　　　　　零件

激光光束

粉末流　　　　　　粉末流

Z方向

送粉喷嘴

CAD实体模型
切片信息文件
叠层建造

熔池位置X，Y方向移动

不同材料
零件实体

图 8 - 16　LENS 技术的基本原理

3. 装备及实现方式

LENS 系统主要由软件系统和硬件系统两部分组成，其软件系统可以分为 CAD 系统和 RP 系统两大部分。硬件系统包含了高功率的 Nd：YAG 激光器、一套三轴或五轴联动的数控定位系统、送粉系统、气氛控制系统、检测与反馈控制系统等。其中送粉系统是 LENS 中非常关键的部分，通常由送粉、传输和喷嘴结合而成。送粉器是送粉过程得以实现的基础，粉末输送的连续性是经常被重视的性能之一，粉末流要求被均匀稳定地输送出来。送粉器的动力来源一般是重力、气流或者通过机械传送。依靠重力送粉时经常会出现粉末的卡死阻塞，这种方式一般对粉末流动性的要求很高；机械传送一般又分为刮板、螺旋等方式，粉末和送粉元件之间会有一定摩擦、挤碾，十分容易造成粉末卡死阻塞或粘点，最终导致送粉不稳定；当前气流送粉方式，可以说是送粉器选用中的主流，其应用较多，因为其相对稳定，实验或者生产加工中的参数调节也相对方便。喷嘴在 LENS 过程中也举足轻重，按其工作方式主要分为侧向喷嘴和同轴喷嘴，如图 8 - 17 所示。

侧向喷嘴在使用和控制方面相对简单，其特点为粉的出口和光的出口相距较远，粉和光的可控性好，不会出现因粉末过早馆化而堵塞出光口的现象。但它的最大局限性在于，由于只有一个送粉方向，无法克服因光束和粉末输入不对称而带来的对馆覆方向限制的缺点，因而不能实现在任意方向上形成均匀的馆覆层，故不适合用于激光快速成形制造零件的工艺过程。另外，侧向送粉时，由于在溶池附近区域气体输送方向与激光方向不一致，无法形成惰性气氛保护，使成形件极易氧化。同轴喷嘴由通道、保护、冷却几部分组成。它克服了侧向送粉不对称而带来的扫描方向制约，对于形状较为复杂结构件也能够较容易

(a) 侧向送粉

(b) 同轴送粉

图 8-17 两种送粉喷嘴

的完成加工,而对成形过程中的方向限制很少。同时,同轴喷嘴利于在加工溶池上空形成良好的保护氛围,消除加工材料在成形中的氧化危险。除此之外,同轴送粉还会使未进入熔池的粉末恪化或产生一定的预热作用,具有降低冷热叠加产生的应力倾向,对成形零件的质量有着正面影响。

1992 年,美国 Optomec 公司与 Sandia 国家实验室展开合作,针对 LENS 技术的工艺进行联合研发,随后几年内获得商用化许可和激光快速制造系统,图 8-18(a)是型号 450 的 LENS 加工技术装备。该装备可以针对钛合金等金属材料快速生产制造,系统中使用的激光器是由光纤进行激光传输的,这样可以将传输损耗率降低25%甚至更多。另外,由于集成控制系统可以针对沉积高度和熔池进行实时控制,对成形过程中所产生的热效应、几何变换效应进行相应的补偿,可以提高成形精度。此外,由 Optomec 公司研制的 LENS 850-R 型系统(如图 8-18(b))可用于涡轮叶片的修复。该系统使用的激光器是光纤激光器,配置了五轴的 NC 系统,还可视加工情况的需求另外附加 2 轴的激光加工头,具有很高的加工灵活性。

(a) LENS 450

(b) LENS 850-R

图 8-18 Optomec 公司研发的 LENS 装备

4. 厂家及典型应用

1996 年，美国 Sandia 国家实验室同 IIP Engine 公司共同合作研发 LENS 工艺，虽然至今已能够直接生产零件，但合作的最初目标是零部件的修复。随着 LENS 技术的开发，该实验室研究了 316 不诱钢和镍基合金构件的成形工艺特点。1998 年，该实验室利用 LENS 工艺成形了多种材质的零件，如图 8-19 所示，共包括不锈钢(304、316)、H13 工具钢、镍基合金(625、690、718)、Ti 合金、金属钨以及 NdFeB 磁性材料，成形速率相当高。图 8-20 显示的是采用 LSF 制造的 C919 飞机 Ti-6Al-4V 合金翼肋缘条，长约 3100 mm，其探伤和力学性能测试结果皆符合设计要求。在制造前的力学性能考核中，LSF 制造的 Ti-6Al-4V 合金试样的高抗疲劳性能优于实测锻件，同时，拉伸和屈服强度的批次稳定性优于 3%。

(a) 涡轮叶片   (b) 叶盘   (c) 制造模具

图 8-19   LENS 技术成形的零件

图 8-20   LENS 制造的 C919 飞机 Ti-6Al-4V 合金翼肋缘条

除了直接成形，LENS 在零件修复领域也被广泛应用。图 8-21 为采用

LENS 技术修复的航空发动机零部件。这使得复杂构件的高性能修复成为激光增材制造的另一种重要的应用领域。

(a) 高温合金涡轮叶片　　　　(b) 钛合金机匣　　　　(c) 高温合金油管

图 8-21　采用 LSF 技术修复的损伤零件

8.4　选区电子束熔化(Electron Beam Melting,EBM) 3D 打印技术

1. 技术背景

选区电子束熔化(Selective Electron beam melting, SEBM)3D 打印技术是一种以电子束为能量源的粉床增材制造技术。瑞典 Arcam AB 公司最早提出了这一概念并申请了相关专利。与激光相比，采用电子束作为加工热源具有一些非常明显的优点，如能量利用率高、加工材料广泛、无反射、加工速度快、真空环境无污染及运行成本低等，原则上可以实现活性稀有金属材料的直接洁净快速制造，因此受到国内外越来越广泛的关注。目前，美国麻省理工学院、美国航空航天局、瑞典 Arcam 公司和我国清华大学均自主开发出了基于电子束的快速制造系统。SEBM 技术具有如下几个优点：

① 成形过程不需要专门的工装夹具或模具，因此省去了其设计、加工的时间和费用，从而极大地提高了制造的柔性和加工速度，缩短产品的技术开发周期。

② 未熔化的成形原材料可以全部回收，从而降低了生产成本。

③ 以"离散＋堆积"的成形为基础，可以直接成形复杂设计的结构件，消除了钛合金在切削加工或精密铸造上的难点以及成本高的问题，在人体植入物、航空航天小批量零件的直接快速制造方面具有重要的意义。

2. 技术原理

SEBM 技术的工作原理如图 8-22 所示。首先将所设计零件的三维图形按一定的厚度切片分层，可得到三维零件的所有二维信息；在真空箱内以电子束为能量源，电子束在电磁偏转线圈的作用下由计算机控制，根据零件各层截面的 CAD 数据有选择地对预先铺好在工作台上的粉末层进行扫描熔化，未被熔化的粉末仍呈松散状，可作为支撑。一层加工完成后，工作台下降一个层厚的高度再进行下一层铺粉和熔化，同时新熔化层与前一层熔合为一体。重复上述过程直到零件加工完后从真空箱中取出，用高压空气吹出松散粉末，得到三维零件。

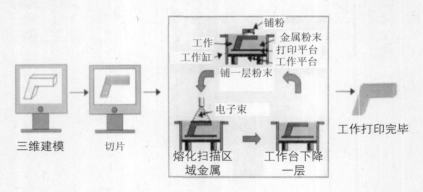

图 8-22　SEBM 技术原理图

3. 装备及实现方式

SEBM 装备示意图如图 8-23 所示。EBM 设备工作在高真空状态，电子枪内部的真空度为 10^{-3} Pa，成形室的真空度小于 5×10^{-2} Pa。加热的阴极灯丝向外发射电子，栅极偏压控制电子束束流的强度。电子束经过阳极高压(60 kV)加速获得动能，聚焦线圈中聚焦电流可以控制成形平台上聚焦束斑的大小，偏转线圈的磁场强度控制电子束的偏转轨迹。电子束的偏转受磁场控制，因而可以在很短的时间内对整个成形区域进行扫描，在成形过程中整个区域温度比较均匀，从而降低了成形材料的热应力。

瑞典 Arcam 公司是全球最早开展 SEBM 成形装备研究和商业化开发的机构，成立于 1997 年。1995 年美国麻省理工学院 Dave 等提出了利用电子束做能量源将金属熔化进行三维制造的设想。2003 年 Arcam 公司推出了全球第一台真正意义上的商业化 SEBM 装备 EBM-S12，随后又陆续推出了 A1、A2、A2X、A2XX、Q10、Q20 等不同型号的 SEBM 成形装备(见图 8-24)。目前，Arcam 公司商业化 SEBM 成形装备的最大成形尺寸为 200 mm×200 mm×350mm 或 Φ350 mm×380 mm，铺粉厚度从 100 μm 减小至现在的 50～70 μm，电子枪功率 3 kW，电子束聚焦尺寸 200 μm，最大跳扫速度为 8000 m/s，熔化

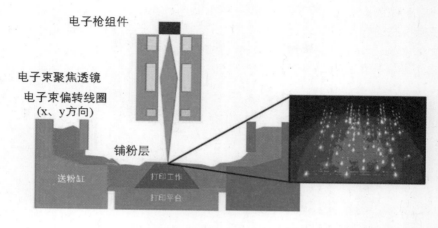

图 8-23 SEBM 成形装备示意图

扫描速度为 10～100 m/s，零件成形精度为±0.3 mm。

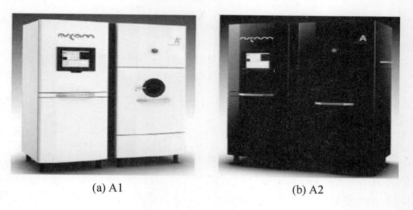

(a) A1　　　　　　　　　　　(b) A2

图 8-24 Arcam 开发的设备

除瑞典 Arcam 公司外，德国奥格斯堡 IWB 应用中心和我国清华大学、西北有色金属研究院、上海交通大学也开展了 SEBM 成形装备的研制。特别是在 Arcam 公司推出 EBM－S12 的同时，2004 年清华大学林峰教授在传统电子束焊机的基础上，用 SEBM 成形装备开发出了国内第一台实验室，成形空间为 Φ150 mm×150 mm(见图 8-25(a))。2007 年，西北有色金属研究院联合清华大学成功开发了针对钛合金的 SEBM-250 成形装备(见图 8-25(b))，最大成形尺寸为 230 mm×230 mm×250 mm，层厚 100～300 μm，功率 3 kW，斑点尺寸 200 μm，熔化扫描速度 10～100 m/s，零件成形精度为±1 mm。随后，西北有色金属研究院针对 SEBM 送铺粉装置进行了改进，实现了高精度超薄层铺粉，并针对电子束的动态聚焦和扫描偏转开展了大量的工作，开发了拥有自主知识产权的试验用 SEBM 装备 SEBM-S1，铺粉厚度 $50 \sim 200 \mu m$，功率 3 kW，斑点尺寸 $200 \mu m$，跳扫速度 8000 m/s，熔化扫描速度 $10 \sim 100$ m/s，成形精度 ± 1 mm，适合于各种粉末。

(a) SEBM150

(b) SEBM250

图 8-25　清华大学机械系研发的 SEBM 设备

4. 厂家及典型应用

目前 EBM 技术所展现的技术优势已经得到广泛的认可，吸引了诸如美国 GE、NASA、橡树岭国家实验室等一批知名企业和研究机构的关注，投入了大量的人力物力进行研究和开发，制备的零件主要包括复杂 Ti-6Al-4V 零件、脆性金属间化合物 TiAl 基零件及多孔性零件，并且已经在生物医疗、航空航天等领域取得一定的应用。

1) 复杂 Ti6Al4V 零件

由于在真空环境下成形，SEBM 技术最为突出的特点是为化学性质活泼的钛合金提供了出色的加工条件，能一次加工具有任意曲面和复杂曲面结构，以及各种异型截面的通孔、盲孔，各种空间走向的内部管道和复杂腔体结构的 Ti-6Al-4V 零件，并且具有优异的力学性能。

图 8-26 为 Moscow Machine-Building Enterprise 采用 SEBM 技术制造的火箭汽轮机压缩机承重体，尺寸为 $\Phi 267$ mm×75 mm，重量为 3.5 kg，制造

图 8-26　SEBM 制备的航天用复杂 Ti6Al4V 零件

时间仅为 30 h。图 8 - 27 为西北有色金属研究院(NIN)采用 SEBM 技术制备的航天发动机主动冷却喷管,该喷管不仅为曲面结构,而且管壁周围均布有 70 个直径为 1 mm 贯通的小孔,这是传统制造方法无法实现的。

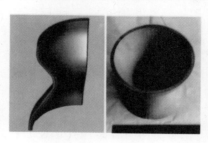

图 8 - 27   SEBM 制备的带内部冷却流道的喷管

2）金属间化合物 TiAl 叶片

由于 SEBM 成形过程粉末床一直处于高温状态,可有效释放热应力,避免成形过程中的开裂,这使得在成形脆性材料如 TiAl 合金方面,相对于其他金属增材制造技术具有显著优势。图 8 - 28 为意大利 Avio 公司采用 SEBM 技术制备的航空发动机低压涡轮用 TiAl 叶片,尺寸为 8 mm×12 mm×325 mm,重量为 0.5 kg,比传统镍基高温合金叶片减重 20%。相对于传统精密铸造技术,采用 SEBM 技术能够在 1 台 SEBM 设备上 72 h 内完成 7 个第 8 级低压涡轮叶片的制造,呈现出巨大的优势。美国 GE 公司已经在 GEnx,GE90 和 GE9X 等航空发动机上对 SEBM 成形 TiAl 叶片进行测试。

图 8 - 28   Avio 公司采用 SEBM 技术制备的 TiAl 叶片

3）金属多孔材料

目前 SEBM 制备金属多孔材料最为典型的应用主要集中在生物植入体方面。2007 年，意大利 Adler Ortho 公司采用 SEBM 技术制备出表面具有人体骨小梁结构的髋关节，该产品获得欧洲 CE 认证（图 8－29（a））。2010 年，美国 Exactech 公司采用 SEBM 制备的同类产品通过了美国 FDA 认证。研究表明，SEBM 技术制备的多孔型外表面的髋臼产品在临床的应用已经超过 30000 例，且临床评价优良，目前该数字还在继续增加。国内北京爱康等单位也相继开展了类骨小梁结构骨科植入体产品的商业化开发工作，利用 SEBM 技术制造了部分植入体样品（见图 8－29(b)）。然而由于开发研究时间短，目前国内还基本处于动物试验或临床验证阶段，还没有通过医疗认证的商品。除上述已经取得医疗认证的产品外，其它根据人体骨骼特点设计制造的多孔植入体也进入研发阶段。图 8－30(a) 为 2 种孔结构复合的钛合金椎间融合器，内外部分别具有不同的孔结构，内层结构主要用于模拟松质骨特性，外层结构主要用于模拟皮质骨特性；图 8－30(b) 为内外部不同孔隙率泡沫结构的多孔植入件，通过对内外部结构的调整，可以同时满足植入体弹性模量、密度以及促进骨组织生长的要求。

(a)   (b)

图 8－29　SEBM 制备的表面具有骨小梁结构的髋臼杯和多孔植入体

除生物植入体外，SEBM 技术在过滤分离、高效换热、减震降噪等特种金属多孔功能构件的制备方面同样具有广泛的应用前景。图 8－31 为美国橡树岭国家实验室采用 SEBM 研发的水下液压控制元件。图 8－32 为 SEBM 制备的多孔体和冷却管复合的高效散热组件及蜂窝孔结构的高效油气分离器。这些零件都实现了孔结构设计与电子束选区熔化技术有效结合，极大地提高了其使用性能，并展现出传统方法制备材料无法具有的新特性，因此，以 SEBM 等增材制造技术为依托，开展新型结构功能一体化新材料的研究得到越来越多人的关注。

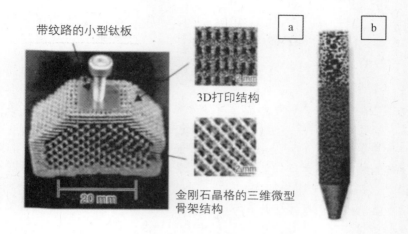

带纹路的小型钛板

3D打印结构

金刚石晶格的三维微型
骨架结构

图 8-30　SEBM 制备的椎间融合器(a)和股骨柄(b)

图 8-31　美国橡树岭国家实验室采用 SEBM 研制的水下液压操纵器用分路阀箱

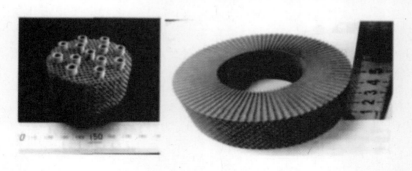

图 8-32　SEBM 制造的多孔换热件和油气分离元件

8.5 电弧熔焊3D打印技术

1. 技术背景

金属增材制造技术按热源类型可分为激光、电子束和电弧。结合原材料和热源特点，金属粉基激光、电子束增材制造技术在成形某些特定结构或特定成分构件时受到一定限制而无法实现，或即使可以成形，其原材料、时间成本很高，现有的技术成形大尺寸复杂结构件时表现出一定的局限性。电弧增材制造技术(Wire and Arc Additive Manufacture，WAAM)是一种利用逐层熔覆原理，采用熔化极惰性气体保护焊接(MIG)、钨极惰性气体保护焊接(TIG)以及等离子体焊接电源(PA)等焊机产生的电弧为热源，通过丝材的添加，在程序的控制下，根据三维数字模型由线一面一体逐渐成形出金属件的先进数字化制造技术。它不仅具有沉积效率高、丝材利用率高、整体制造周期短、成本低等特点，而且具有对零件尺寸限制少、易于修复零件等优点，还具有原位复合制造以及成形大尺寸零件的能力。较传统的铸造、锻造技术和其它增材制造技术具有一定先进性，与铸造、锻造工艺相比，它无需模具，整体制造周期短，柔性化程度高，能够实现数字化、智能化和并行化制造，对设计的响应快，特别适合于小批量、多品种产品的制造。WAAM技术比铸造技术制造材料的显微组织及力学性能优异，比锻造技术节约原材料，尤其是贵重金属材料。与以激光和电子束为热源的增材制造技术相比，它具有沉积速率高、制造成本低等优势；与以激光为热源的增材制造技术相比，它对金属材质不敏感，可以成形对激光反射率高的材质，如铝合金、铜合金等；与SLM技术和电子束增材制造技术相比，WAAM技术还具有制造零件尺寸不受设备成形缸和真空室尺寸限制的优点。面向大型化、整体化复杂航天结构件的增材制造需求，基于堆焊技术发展起来的低成本、高效率电弧增材制造技术越来越受到国内外的关注。

2. 技术原理

电弧增材制造技术也是根据离散、堆积制造思想，通过三维设计软件建立零件的实体模型，以电弧作为成形热源将金属丝材熔化，按设定的成形路径堆积每一层片，采用逐层堆积的方式成形所需的三维实体零件。图8-33是基于MIG的WAAM技术原理示意图，可同时获得熔敷层宽度和焊枪到熔敷层表面的高度图像，实现了熔敷层有效宽度、堆高等参数的在线准确检测。

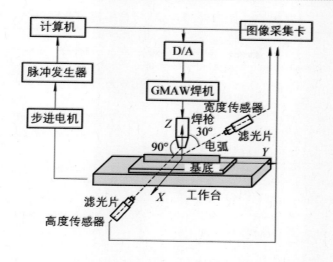

图 8 - 33　基于 MIG 的 WAAM 技术原理示意图

3. 装备及实现方式

电弧增材制造是数字化连续堆焊成形过程,其基本成形硬件系统应包括成形热源、送丝系统及运动执行机构。电弧增材制造三维实体零件依赖于逐点控制的熔池在线、面、体的重复再现,若从载能束的特征考虑,其电弧越稳定越有利于成形过程控制,即利于成形形貌的连续一致性。因此,电弧稳定、无飞溅的非熔化极气体保护焊(TIG)和基于熔化极惰性/活性气体保护焊(MIG/MAG)开发出冷金属过渡(Cold Metal Transfer, CMT)技术成为目前主要使用的热源提供方式。

作为由点向三维方向扩展的运动执行机构,其位移与速度、位置的重复定位精度、运动稳定性等对成形件尺寸精度的影响至关重要,目前使用较多的是数控机床和机器人。数控机床多作为形状简单、尺寸较大的大型构件成形,机器人具有更多的运动自由度,与数控变位机配合,在成形复杂结构及形状上更具优势,但基于 TIG 的侧向填丝电弧增材制造因丝与弧非同轴,如果不能保证送丝与运动方向的相位关系,高自由度的机器人可能并不适合。所以,机器人多与 MIG/MAG、CMT、TOP - TIG 等丝弧同轴的焊接电源配合搭建电弧增材成形平台。在国内外电弧增材相关研究机构的报道中所采用的成形系统如表 8 - 1 所示。相比 TIG、MIG/MAG、PAW 等,CMT 具有低热输入、无飞溅等特点。

表 8-1　国内外 WAAM 研究机构装备组成

研　究　机　构	系统基本构成
Cranfield University、Southern Methodist University、University of Catania、University West、哈尔滨工业大学、西北工业大学、天津大学、南昌大学	TIG＋数控机床/工作台
Cranfield University、Catholic University of Louvain、University of Sheffield、哈尔滨工业大学、南昌大学	TIG＋机器人
Cranfield University、University of Kentucky	CMT(MIG)＋数控机床
Cranfield University、University of Nottingham、University of Wollongong、Universidade do Minho、Rolls-Royce PLC、华中科技大学	CMT(MIG/MAG)＋机器人
Cranfield University、西安交通大学	PAW＋数控机床(工作台)

　　WAAM 增材制造是以高温液态金属熔滴过渡的方法通过逐层累积的方式成形的，成形过程中随着堆焊层数的增加，成形件热积累严重、散热条件变差，因此还需要能够对每一沉积层的表面形貌、质量及尺寸精度进行在线监测和控制。需要在焊枪处安装红外温度传感器的被动反馈式层间温度控制方式，直接以熔覆层的形貌尺寸特征作为信号源，通过实时在线监测尺寸信息，实现反馈调节。如图 8-34 所示，美国 Tufts 大学建立了利用焊枪进行堆焊成形的等离子枪在线热处理，通过两套结构光传感器对熔覆层形貌特征进行监测，以及一

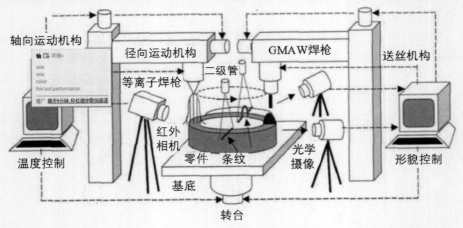

图 8-34　基于 MIG 的 WAAM 成形与监测控制系统

套红外摄像机用于成形件表面温度在线监测的双输入输出闭环控制系统,以焊速和送丝速度作为控制变量,熔覆堆高和层宽作为被控变量,实现对成形过程中成形尺寸的实时闭环控制。WAAM三维平台如图8-35所示。

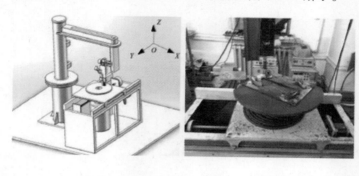

(a)   (b)

图8-35 WAAM三维平台

4. 厂家及典型应用

随着轻量化、高机动性先进航空飞行器的发展,飞机结构件也向着轻量化、大型化、整体化改进,低成本高效地制造高可靠性、功能结构一体化的大型航空结构件成为航空制造技术发展的新挑战。电弧增材制造以连续"线"作为基本构型单元,适于机体内部框架、加强肋及壁板结构的快速成形。近年来,WAAM技术在国外发展相对成熟,许多大型航空航天企业及高校积极开发WAAM技术,制造了大型金属结构件。克莱菲尔德大学采用MIG电弧增材制造技术制造钛合金大型框架构件(如图8-36所示),沉积速率达到数千克每小时,焊丝利用率高达90%以上,该产品的成形时间仅需1h,产品缺陷甚少。欧洲空中客车(Airbus)、庞巴迪(Bombardier)、英国宇航系统(BAE system)以及洛克希德·马丁英国公司(Lockheed Martin - UK)、欧洲导弹生产商(MBDA)和法国航天企业Astrium等,均利用WAAM技术实现了钛合金以及高强钢材料大型结构件的直接制造,大大缩短了大型结构件的研制周期。图8-37为BAE公司制造的高强钢炮弹壳体。Lockheed Martin以ER4043焊丝为原料,采用电弧增材的方法研制出了大型锥形筒体,高约380 mm;Bombardier采用电弧增材的技术在大型平板上直接制造了大型的飞机肋板,长约2.5 m,宽约1.2 m。就该技术目前发展状态而言,WAAM技术的自动化水平较低且相关程序数据库尚未建立,该技术只能制造几何形状及结构较为简单的零件。而且该技术制造的精度相对其他增材制造技术的略低,一般需要后续机械加工,尚未在航空航天领域大规模工程化应用。

(a) 成形态   (b) 机械加工后

图 8 - 36 WAAM 成形的钛合金大型框架构件

图 8 - 37 WAAM 成形的高强钢炮弹壳体

参考文献

[1] 魏青松，等. 粉末激光熔化增材制造技术. 武汉：华中科技大学出版社，2013.

[2] Bremen S, Meiners W, Diatlov A. Selective laser melting[J]. Laser Technik Journal, 2012, 9(2)：33 – 38.

[3] 黄树槐，肖跃加. 快速成形技术的展望[J]. 中国机械工程，2000, 11(1)：195 – 200.

[4] 马立杰，樊红丽，卢继平，等. 基于增减材制造的复合加工技术研究[J]. 装备制造技术，2014 (7)：57 – 62.

[5] Keicher D M, Smugersky J E, Romerco J A, AtwoodCL, Griffith M L, Jeantette F P, Harwell L D, Greene D L. Laser Engineered Net Shaping (LENS TM) for Additive Component Processing[C]//SME Conference, Dearborn, MI. 1996, 7.

[6] 周建忠，刘会霞. 激光快速制造技术及应用. 北京：化学工业出版社，2009.

[7] 黄卫东. 激光立体成形. 西安：西北工业大学出版社，2007.

[8] 汤慧萍，王建，逯圣路，等. 电子束选区熔化成形技术研究进展[J]. 中国材料进展，2015, 34(3)：225 – 235.

[9] Heinl P, Müller L, Kürner C, Singer R F, Müller F A. Cellular Ti-6Al-4V structures with interconnected macro porosity for bone implants fabricated by selective electron beam melting. Acta biomaterialia, 2008, 4(5)：1536 – 1544.

[10] Ding J, Colegrove P, Mehnen J, Ganguly S, Sequeira Almeida P M, Wang F, Williams S. Thermo-mechanical analysis of wireand arc additive layer manufacturing process on large multi-layer pares. Computational Materials Science, 2011(50)：3315 – 3322.

[11] Martina F, Mehnen J, Williams S W, Colegrove P, Wang F. Investigation of thebenefits of plasma deposition for the additive layer manufacture of Ti-6Al-4V [J]. Journal of Materials Processing Technology, 2012, 212 (6)：1377 – 1386.

[12] 田彩兰，陈济轮，董鹏，何京文，王耀江. 国外电弧增材制造技术的研究现状及展望[J]. 航天制造技术，2015, 4(2)：57 – 59.

[13] Frazier W E. Metal additive manufacturing: a review[J]. Journal of Materials Engineering and Performance, 2014, 23(6): 1917 - 1928.

[14] Gu D D, Meiners W, Wissenbach K, et al. Laser additive manufacturing of metallic components: materials, processes and mechanisms [J]. International materials reviews, 2012, 57(3): 133 - 164.

[15] Murr L E, Gaytan S M, Ramirez D A, et al. Metal fabrication by additive manufacturing using laser and electron beam melting technologies[J] . Journal of Materials Science & Technology, 2012, 28(1): 1 - 14.

[16] Wohlers T T, Wohlers Report 2015: 3D Print and Additive Manufacturing State of the Industry[M]. Wholer's Associates, 2015: 51 - 64.

[17] Vandenbroucke B, Kruth J P. Selective laser melting of biocompatible metals for rapid manufacturing of medical parts[J]. Rapid Prototyping Journal, 2007, 13(4): 196 - 203.

[18] 郑玉峰. 生物医用材料学[M]. 西安: 西北工业大学出版社, 2009.

[19] 田宗军, 顾冬冬, 等. 激光增材制造技术在航空航天领域的应用与发展[J]. 航空制造技术. 2015(11): 38 - 42.

[20] 杜宇雷, 孙菲菲, 原光, 等. 3D打印材料的发展现状[J]. 徐州工程学院学报(自然科学版), 2014, 29(1): 20 - 24.

[21] 张升. 医用合金粉末激光选区熔化成形工艺与性能研究[D]. 华中科技大学, 2014.

[22] Santos E C, Osakada K, et al. Microstructure and mechanical properties of pure titanium modes fabricated by selective laser melting. [J]. Proceedings of the institution of mechanical engineers, part c: journal of mechanical engineering science. 2004, 218(7): 711 - 719.

[23] Badrossamay M, Childs T H C. Further studies in selective laser melting of stainless and tool steel powders [J]. International Journal of Machine Tools and Manufacture, 2007, 47(5): 779 - 784.

[24] Amato K N, Gaytan S M, Murr L E, et al. Microstructures and mechanical behavior of Inconel 718 fabricated by selective laser melting [J]. Acta Materialia, 2012, 60(5): 2229 - 2239.

[25] 赵晓, 魏青松, 刘颖, 等. 激光选区熔化技术成形S136模具钢研究[C]. 第15届全国特种加工学术会议论文集(下). 2013.

[26] 张洁, 李帅, 魏青松, 等. 激光选区熔化Inconel 625合金开裂行为及抑制研究[J]. 稀有金属, 2015, 11:001.

[27]　魏青松，王黎，张升，等. 粉末特性对选择性激光熔化成形不锈钢零件性能的影响研究[J]. 电加工与模具，2011(4)：52-56.

[28]　史玉升，李瑞迪，章文献，等. 不锈钢粉末的选择性激光熔化快速成形工艺研究[J]. 电加工与模具，2010(B04)：67-72.

[29]　李瑞迪，史玉升，刘锦辉，等. 304L 不锈钢粉末选择性激光熔化成形的致密化与组织[J]. 应用激光，2009(5)：369-373.

[30]　李瑞迪. 金属粉末选择性激光熔化成形的关键基础问题研究 [D]. 武汉：华中科技大学，2010.